美丽的爱沙尼亚蕾丝披肩

Knitted Lace of ESTONIA

编织技巧、编织图样和编织传统

（美）南西·布什　编著
韩芳　译
余红　审译

河南科学技术出版社
·郑州·

著作权合同登记号：图字16—2013—026

图书在版编目（CIP）数据

美丽的爱沙尼亚蕾丝披肩/（美）布什编著；韩芳译.—郑州：河南科学技术出版社，2014.8（2021.8重印）
ISBN 978-7-5349-5024-7

I. ①美… II. ①布… ②韩… III. ①围巾-绒线-编织-图集 IV. ①TS941.763.8-64

中国版本图书馆CIP数据核字（2014）第054768号

出版发行：河南科学技术出版社
地址：郑州市经五路66号 邮编：450002
电话：（0371）65737028 65788613
网址：www.hnstp.cn
策划编辑：刘 欣
责任编辑：刘 欣
责任校对：耿宝文
封面设计：张 伟
责任印制：张艳芳
印 刷：郑州新海岸电脑彩色制印有限公司
经 销：全国新华书店
幅面尺寸：210 mm × 225 mm 印张：8 字数：150千字
版 次：2014年8月第1版 2021年8月第5次印刷
定 价：59.00元

致哈普萨鲁的手工编织者

编写本书是一段不寻常的历程，如果没有许多热心人的帮助，我对这种传统编织工艺的理解也不会如此透彻。

我的第一堂爱沙尼亚蕾丝编织课源于希尔佳·阿维克，自我来到爱沙尼亚，她一直是我的良师益友。

我第一次去哈普萨鲁是和安钮、乌尔拉·卡尔尤兰德一起。在我进行这项工作时，她们在很多方面为我提供了帮助，就像我在爱沙尼亚的家一样。莱拉柏德拉和她的父母——艾娃和艾努热情地接待了我，鼓励我，并为我提供翻译。

在哈普萨鲁我收获了他人的帮助、指导和许多值得记忆的午后。我非常珍惜与琳达·埃尔加斯、西尔维·萨罗、米雷尔达·皮帕、莱恩·柏德密、艾米·艾达思和艾米·萨雷列特等人的友谊。尽管艾德·雷特-莱普米茨不是一个编织者，却在为我当翻译和通过电子邮件解答我的奇怪问题时“被迫”学习了很多编织技能。在哈普萨鲁的拉尼玛博物馆工作的伊娃·欧茨塔维尔和艾斯塔·文佩尔与我分享了许多关于披肩历史的图片和信息。

在塔尔图爱沙尼亚国家博物馆工作的我的朋友艾琳·瓦乌让我查阅了博物馆收藏的披肩图片和档案。

我的朋友玛丽特·塔姆佳夫和我一起拜访了哈普萨鲁蕾丝编织的第三代传人米尔维·海利，当米尔维向我讲解蕾丝编织的时候，玛丽特为我做翻译，米尔维还送给了我用丁香木制作的棒针，这些棒针是她的叔叔制作的，展示在本书第11页。

雷利·雷曼在她家热情地招待了我，并为我解答了许多爱沙尼亚蕾丝编织的问题。麦德利·普和威尔和丽塔·图巴尔肯为我翻译了雷利的书籍，犹他·科尔曼授权我重印他的哈普萨鲁图样，海伦娜·苏摩帮助我翻译了文本。

我的朋友伊恩和艾拉·索科几乎从一开始就一路陪伴我。伊恩与我一起跋涉到哈普萨鲁，并为我翻译了披肩编织的第一部分教程，她拿出了自己收集的图瑞努围巾，这些简直是爱沙尼亚蕾丝图案的全部，为我本次的研究增色不少。艾尔·撒尔莫和海尔-莫尔·瑞斯提为我提供了更多关于图瑞努围巾的信息，给我许多鼓励，并为我做翻译。海尔基-里斯蒙特在北美爱沙尼亚报纸上写了一篇文章报道我的研究，使我得以联系上玛利亚·奥姆罗德和她的母亲海尔薇·波斯卡。海尔薇是图瑞努围巾蕾丝图案的创始人之一，玛利亚给我讲述了她母亲的故事，同时雷达·普克和海尔薇·阿罗还送来了她们母亲编织的披肩，这些都是她们与我分享的宝贵财富。

梅兰妮·艾丽佐恩多和玛奇·伊-诺尔兰德帮我编织了披肩，方妮·维尔德福尔斯特和帕特里克·德富雷塔斯通读了全文，给出了许多建议，使我最终完成了这项任务。

编辑安·巴德使出书这项工作成为我的享受，我十分珍视她的建议和友谊。劳里·盖尔思维缜密，用精细的编辑技术使得编织者重新呈现披肩织品。乔·可卡的摄影技术使每一件织品都充满活力；出版社的许多工作人员都为这本书的问世做出了贡献。

最后我还要感谢我的丈夫乔·加德纳和我们的房客迈克，他们极富耐心，对我倍加支持，我保证从今天起会多出去散步。

感谢所有的人，谢谢你们的耐心、爱心、友谊和爱。

南西

目　录

前言 6

哈普萨鲁蕾丝编织 8

怎样编织哈普萨鲁披肩 21

作品编织

- 谢尔维亚皇后披肩 41
- 树叶图案三角形披肩 47
- 孔雀尾和叶子图案围巾 53
- 乐和方形披肩 57
- 拉哈围巾 63
- 树叶与小球图案披肩 67
- 梅克尔披肩 73
- 麦德丽披肩 79
- 夏季三角披肩 83
- 山谷百合围巾 91
- 丁香叶披肩 97
- 米瑞尔达三角披肩 103
- 图瑞努围巾 111
- 皇太子方形披肩 115

爱沙尼亚蕾丝图案和针法术语 122

前言

1995年我第一次到爱沙尼亚，在那次旅行中，我发现了哈普萨鲁蕾丝编织，发现了好多种手工编织的披肩，其中有一种图案非常像山谷百合的小树枝，我把它带回家作为礼物送给我的母亲。我最初买来这些漂亮的织品只是作为礼物，但后来我越来越好奇于它们的起源和特殊的编织工艺。

我向当地人了解到在爱沙尼亚的西海岸有一个小镇叫哈普萨鲁，以及这种披肩与这座小镇的历史渊源，尽管这种编织品是小作坊生产而不是民间传统，但哈普萨鲁的蕾丝编织却在爱沙尼亚成为独具特色、受到保护的传统工艺。

为了了解更多关于这种编织的信息，我造访了哈普萨鲁小镇，呼吸着大海的气息，徜徉于木屋之间的小巷，也逛了编织者售卖织品的步行街，我想了解100年前的哈普萨鲁和今时今日的哈普萨鲁。哈普萨鲁的一位编织者告诉我："如果你到哈普萨鲁看见某家房顶的烟囱里冒着烟，这一家就一定会有一个主妇在编织蕾丝。"我特别喜欢家庭主妇在燃烧着的壁炉前编织的情景，这正是近200年的传统保持生命力的原因。

近年来，我多次来到爱沙尼亚，在哈普萨鲁和塔林与当地的编织者共度了愉快的时光。正是她们使这项传统编织延续至今。她们不仅为我沏茶、烘焙蛋糕，还为我解答各种各样的疑问，其中大部分答疑都是通过国际通用的肢体语言来完成的。我也算是从编织大师那里获得了真传。

哈普萨鲁编织者玛利亚·保格丹诺娃和定型板上的披肩，1950年，哈普萨鲁拉尼玛博物馆图片

最初我以为只有一种正确的编织披肩的方法，后来我才知道许多编织方法是可因人而异的。每一个编织者在编织披肩的某一部分的时候，都有自己独到的方法。所以我才发现，在编写本书时，我会将这些方法做些改变以更容易理解。如果哪些地方会较难编织或有快速编织的法则，我会重点说明的。

我编写本书的初衷是想讲述哈普萨鲁蕾丝编织的故事，同时记录作为故事一部分的编织图案。在本书里我将如实展现爱沙尼亚编织者在编织披肩和围巾图案时特有的传统，但也会用自己的写作风格和特点来创作。比方说我选择使用我生活的地方能买到的毛线来进行编织，这样我编织的披肩和围巾会和我精心收集和研究的织物有所区别。我还选用一些爱沙尼亚编织者不常见的毛线编织一些小物件，比方说用麝牛毛或开司米。每一个编织者都需要一点奢侈的东西，照别人所说，我选择百分之百的羊毛，因为在爱沙尼亚，人们通常都用羊毛编织，我相信本书中的图案用羊毛编织会最出效果。

这真是一段美丽的冒险，与众多的编织者分享也是我快乐的源泉。

哈普萨鲁蕾丝编织

哈普萨鲁的编织者，从左至右：A.艾姆伯格、H.拉欧、I.塔米克、L.塔姆伯格、A.科莱姆斯、K.科尔夫，日期与拍摄者不详，哈普萨鲁拉尼玛博物馆图片

爱沙尼亚坐落于波罗的海沿岸，南邻拉脱维亚、东邻俄罗斯、北邻芬兰（与芬兰之间隔着芬兰湾）。爱沙尼亚编织技艺历史悠久，是北欧许多编织工艺的发源地，最早可追溯到13世纪末期，编织工艺，尤其是手套和袜子的编织在爱沙尼亚数百年的风俗与传统中占有重要的一席之地。

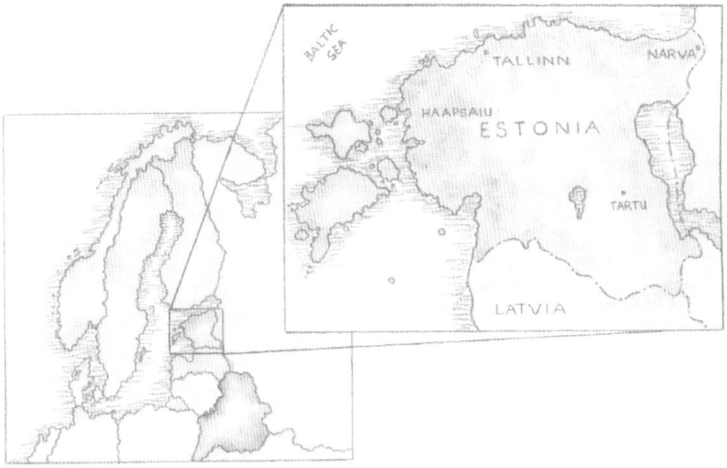

爱沙尼亚南邻拉脱维亚、东邻俄罗斯、北邻芬兰

度假小镇哈普萨鲁坐落在爱沙尼亚西海岸，以当地的13世纪城堡遗迹、疗养泥巴浴和风景迷人的海滩而著名。13世纪由于西爱沙尼亚和附近岛屿的统治主教就职，这里成为小的定居地，小镇围绕城堡的建筑群建立，其中包括一座城堡和天主教堂，这两所建筑可追溯到1280年。

300年后，最后一任主教将自己的领地卖给了丹麦人，之后这里有多位统治者，因此当地人经历过多次侵略和战事。在17世纪，爱沙尼亚在瑞典人的统治之下过着相对平静的生活。自13世纪以来，爱沙尼亚西部和附近岛屿就有瑞典人定居，哈普萨鲁被称为爱沙尼亚瑞典人的非官方首府。直到今天，哈普萨鲁及周围地区的居民依然还对瑞典充满敬意。

从18世纪早期直到1918年，爱沙尼亚一直处在俄罗斯的统治之下。正是从这一时期开始，哈普萨鲁成为许多游客的目的地，并逐渐成为旅游胜地。哈普萨鲁当地的女性，既勤劳又富有创造力，她们以手工作坊的方式编织蕾丝披肩，这种传统一直延续到21世纪。

蕾丝编织也称网眼编织，工艺已经延续了好几个世纪。其中最著名的两种蕾丝是来自苏格兰东北部北海岛屿设德兰岛的蕾丝编织和来自俄罗斯中部乌拉尔山南麓的奥伦堡蕾丝编织。奥伦堡蕾丝编织的历史可追溯到18世纪后半叶，而设德兰岛蕾丝编织的历史则可追溯到1830年。

大多数哈普萨鲁蕾丝图案都是在全下针为织物背景上完成的；尽管有时设德兰岛蕾丝编织会用全起伏针为织物背景，但大多数是用下针作为织物背景；奥伦堡蕾丝则全是用起伏针编织为织物背景。爱沙尼亚蕾丝图案可被归类为蕾丝编织，编织物上每一图案行后面都会有一行全上针或全下针，图案在正面行上编织；而被编织的蕾丝是在编织的织物上每一行都有编织图案的行（正反面都有），设德兰岛和奥伦堡图案两种技艺都有。

一家三代编织者，从左至右：朱莉–玛丽·凯斯克（1894—1966）、海尔兰达·凯斯克（1913—1992）和米尔维·海利（1937—），拍摄者不详，米尔维·海利私人照片

蕾丝编织的起源

尽管没有确切的年代记录，但我们有理由相信，哈普萨鲁蕾丝编织起源于19世纪早期，与哈普萨鲁小镇成为富有的俄罗斯人、德国人、瑞典人和其他欧洲人的夏季度假胜地的时间一致。哈普萨鲁最吸引人的是这里有可疗养的海泥浴，1825年这里开设了第一家疗养院，第二家开设于1845年，这种浴场吸引大批游客至此，他们乘船或火车来这里做SPA、赏美景。哈普萨鲁小镇成为圣彼得堡皇室青睐的旅游目的地，其中包括沙皇尼古拉一世（1796—1855）和亚历山大二世（1818—1881），哈普萨鲁由于这些人的造访有了皇室的气息，并成为夏季社交的黄金场所。

在19世纪末，来这里度假的游客每年可达3 000人。大家一定都衣着时尚，当然这里面一定少不了精致的蕾丝披肩和围巾，很可能是因为受这种时尚的启发，哈普萨鲁有经验的编织者创造了他们自己的蕾丝图案。据传统研究学者说，这些披肩的编织技艺可能来自一个叫诺尔路茨的地方，这是一个说瑞典语的半岛，与哈普萨鲁隔着一个海湾，后来这些人就定居在了哈普萨鲁小镇。

不管他们的灵感来自哪里，哈普萨鲁的编织者创立了手工作坊，并将这种技艺发扬光大。编织者聚集在沿海岸线的步行街上，这里是人们最喜欢的去处，带着自己织的披肩，成群地坐在一起，一边编织，一边听着乐队演奏的音乐，同时向有钱的游客售卖自己的织品。许多游客都会购买哈普萨鲁的披肩带回家作为礼物送人，于是这里的披肩很快就在欧洲风靡起来，编织者也会聚集在港口，在那里从里加和拉脱维亚到塔林或圣彼得堡的船会靠岸停歇，俄罗斯人会大量收购“剧院披肩”运回国内，卖给圣彼得堡有钱的女士们。哈普萨鲁披肩在19世纪末20世纪初风靡一时。

一个熟练的编织者在冬季的几个月可以完成20～30条披肩的编织，在销售旺季一个家庭一起可以完成70～80条披肩。女孩子们很小的时候就在妈妈手把手的指导下学编织，有的4岁就学习编织简单的花样，8岁时就可以编织蕾丝饰边了。这些家庭都是几代从事编织，妈妈教女儿，女儿再教自己的女儿，甚至男孩子们也能帮助编织，只是他们不那么情愿让大家知道而已。

爱沙尼亚人的编织图案没有文字说明——编织技巧和设计都是代代相传的。针法图案都是在很长的编好的图样上或单片的图样上保存的。编织者会研究图样，无需图表和说明就能明白图案的要领。如果某个编织者借用了别人的样本想学新的图案，在归还样本时，会在原样本上加上新的样本作为答谢。直到20世纪30年代，他们才开始使用带标志的图表印刷样本。

在哈普萨鲁编织的蕾丝图案样本，棒针是米尔维·海利送给我的珍贵礼物，是由她了不起的叔叔手工制作而成
拍摄：安·斯旺逊
样本编织：米雷尔达·皮帕

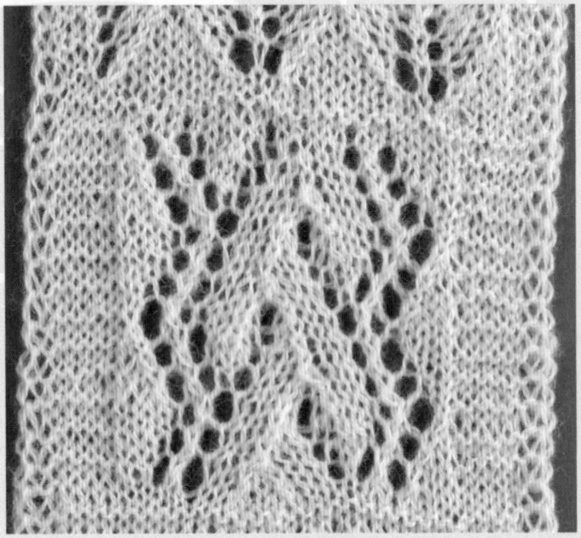

米雷尔达·皮帕编织的枝形图案细节样本
拍摄：安·斯旺逊

在19世纪，只有少数图案，比如哈嘎（枝形）、乐和（叶子）和拉哈（钱币）等。从那时起，人们开发出了数十种图案，这些图案都是从日常生活中得到的灵感，表达了爱沙尼亚人对大自然的尊敬与热爱。这些图案包括：丽布里卡其丽（蝴蝶图案）、慕斯提卡其丽（蓝莓图案）、卡塞乐和其丽（白桦树叶图案）和梅克尔（山谷百合图案）。梅克尔图案和它的变体以及其他无数的图案可以与被称为努普（球状或扣子）的凸起编织技艺相结合进行编织，这种像泡泡一样的编织是爱沙尼亚蕾丝编织的特点，可以在全平针的背景织物上增加网眼的突起或创作人物形象。

披肩是按重量来售卖的，带球状突起的披肩会更重一些，自然定价会更高些。小球球曾经是（如今仍是）披肩纯手工制作的证明，因为这些小球球是不能用机器制作的。

早期的哈普萨鲁披肩是用当地绵羊产的较粗的单股线或双股手工纺线织成的。尽管哈普萨鲁土地贫瘠，但绵羊却依靠杜松子树之间的草生存下来，编织这种披肩的最好的羊毛是幼羊背部和脖子处生长的。粗线用纺锤纺好，不过编织蕾丝最好的毛线还是用纺车纺出来的，人们最喜欢细线，机纺线通常是进口来的，自从可以在市场上购买后就颇受人们的青睐。

早期的披肩很简单，没有阿丽皮茨或皮茨（扇形蕾丝饰边），后来由于可以买到很细的机纺毛线，披肩变得更轻薄，也加上了更为复杂的扇形饰边。据说精致的披肩可以穿过婚戒——这是一种古老的测量披肩品质的方法。披肩的精细程度是最能吸引潜在买家的，过去和现在最流行的颜色都是白色。有的披肩也被织成淡彩色，而织成灰色或黑色的披肩常常被当地人使用。

琳达·埃尔加斯编织的方形披肩局部图

左图：UKU合作技艺编织的长方形披肩，
爱沙尼亚国家博物馆珍藏图片

编织者传统上都是用丁香木或苹果木手工制成的单头棒针，这两种树木在当地的花园里很常见。棒针先用砂纸打磨，再用羊毛蘸油打磨，这些针的大小分为美制2号或3号（2.75mm或3.25mm）到6号（4mm）。将棒针穿入一张纸，打出一个孔，量一下小孔的尺寸就知道针的尺寸了。棒针非常短，大约25cm，既光滑又轻便，头圆圆的而不是尖尖的。如今的编织者还是偏爱短小、光滑、轻便的商用木材或竹子制作的棒针。他们从不用金属棒针，因为觉得太重了。哈普萨鲁的编织者通常都是右手持线，用英式编织法绕线。

从上至下：
葛丽泰·嘉宝图案、皇太子图案和谢尔维亚皇后图案
拍摄：安·斯旺逊

传统的披肩

传统的哈普萨鲁披肩，在19世纪末20世纪初受到人们的青睐。这是一种方形的，尺寸为100cm×100cm或更大的织物，上面有三种分开的图案，一种在中间、一种在边上，最后一种作为饰边。中间与边上都有镂空图案，这两部分是一整片编织下来的，只有饰边被称为蕾丝，传统的做法是将饰边分成两片进行编织，再将这两片与主织片缝合。饰边分成两片编织（每片不少于250针），因为只有一半饰边针数才适合用短小、单头棒针编织。这些棒针在编织中心和边缘时也要使用，在织披肩时是不使用环形针（这是一项现代发明）或双头针的。

方形披肩通常都是对角对折，然后包在头上，使饰边刚好围在脸的四周。如果冬季戴帽子的话，披肩会包在帽子外面。20世纪30年代，机纺线问世了，饰有长流苏的长方形披肩和围巾很常见，当时流行的还有小一些的长方形（有的有饰边，有的没有饰边）或三角形围巾。和过去一样，如今长方形的披肩或围巾还是分两部分制作——一个中间部分再缀上饰边，这两部分之间没有边缘。

在哈普萨鲁，安妮特·马特森（左）和她的姐姐安娜·库特（中）和潜在的买主会面，1963年，照片拍摄者不详，哈普萨鲁拉尼玛博物馆珍藏照片

除了源于自然的图案设计，有的熟练编织者还创作出了纪念名人的图案设计。有一个披肩是葛丽泰·嘉宝（1905—1990）的图案，这是一款带有相互嵌在一起的心形图案的披肩，是1935年送给影星嘉宝的，希望女神般的嘉宝能够在她的电影里披上它，来宣传哈普萨鲁小镇。还有一款披肩带有克伦普林茨皇太子图案，是在瑞典的皇太子古斯塔夫·阿道夫（1882—1973）1932年访问哈普萨鲁时献给他的。皇太子图案是古代织手套时的木胡曼德图案（木胡旋转松木棍，也叫木胡松，是一种八角星图案，是木胡岛上布匹上的传统图案）的改进。最初设计皇太子图案的人是马蒂尔德·莫尔，她是第一个将哈普萨鲁蕾丝编织的针法图表化的人，也可能是第一个编织三角披肩的人。最近，琳达·埃尔加斯——哈普萨鲁受人尊敬的编织者，设计了一个非常漂亮的图案——将蝴蝶和山谷百合结合的图案，这种带有新图案的披肩，稍加改动，在1992年瑞典皇后谢尔维亚（1943—）造访哈普萨鲁时送给了她，因此，这种图案就被命名为谢尔维亚皇后图案。

传统的延续

在爱沙尼亚第一次独立期间（1920—1940年），当地的职业技术学院开设了编织课程，为的是组织和鼓励哈普萨鲁的编织者。在这里，教师接受培训，学生也可以学习哈普萨鲁披肩制作的技能，在这段时间哈普萨鲁蕾丝披肩得到了认可。在20世纪30年代，哈普萨鲁披肩在全世界范围内得到了宣传，也正是在这段时间，许多爱沙尼亚的编织者参加了许多国际展览，有的展览甚至远在柏林或纽约。编织大师安尼特·马特森（1879—？），手下有50多位编织者为她工作，她向这些编织者分发毛线，她自己则是对这些披肩进行漂洗和定型，组织售卖。在这一时期，哈普萨鲁当地的居民有500多人从事披肩编织，安尼特·马特森的披肩参加了无数展览并为此屡屡获奖。

在20世纪30年代，早期关税的征收阻碍了从瑞典、英国、拉脱维亚进口细毛线，因此有些编织者为了继续她们的编织，移居到了拉脱维亚和芬兰，其他人则不再编织披肩，取而代之的是编织带网眼图案的毛衣。1927年，有一个商务机构叫科杜卡斯图（家庭手工艺品），开始向欧洲和美国出口编织品。

第二次世界大战使爱沙尼亚的出口中断了，但是在1944～1991年苏联占领时期，哈普萨鲁的编织者们继续编织披肩和围巾。一个叫UKU的手工合作组织生产披肩和围巾，这是哈普萨鲁的一个工作室。每一个加入工作室的编织者每月都要完成9条披肩或12条围巾的定额，有残疾的老织工定额减半，UKU为这些编织者提供毛线，但付给她们的工资却很低。

20世纪70年代，哈普萨鲁UKU的主任雷利·雷特开始对披肩和围巾的图样进行收集、记录和拍照。根据琳达·埃尔加斯所编撰的《哈普萨鲁拉提库德》（*Haapsalu Rätikud*）记录，这些收集构成了雷利·雷曼所编撰曾三次修订再版的《皮斯利斯德·蔻科雅德》（*Pitsillised Kookirjad*）的基础，雷曼不是哈普萨鲁当地的人，但她书中所记录的源于哈普萨鲁的许多图案却使爱沙尼亚以及国外的许多编织者受益匪浅。

印刷图案

在第二次世界大战期间，许多爱沙尼亚人逃到瑞典、加拿大、澳大利亚和美国，尽管这些难民随身携带的财产很少，但是他们中间的女性却将编织技能和传统带在了身边。为了保护和保留爱沙尼亚的民族服饰和传统，尤其是那些在国外长大的爱沙尼亚人，《图瑞努》（*TRIINU*）（见第17页）是唯一以爱沙尼亚语出版的居家杂志。这本杂志从1952年秋开始出版，除了包括文化、艺术、美食和大事件的文章外，很多内容都是编织的手套、帽子，尤其是源于哈普萨鲁传统的披肩和围巾的图案。这本杂志在推动和保护爱沙尼亚手工技艺以及帮助在国外生活和长大的爱沙尼亚人使用这些艺术品方面做出了不可估量的贡献。

《图瑞努》

《图瑞努》杂志是维拉·波斯卡–格伦特哈尔的创意。她毕业于塔尔图大学，是一名律师，她和另外三位爱沙尼亚女性伊达·齐伟罗–戈尔德、琳达·鲁姆斯玛奇–帕克和艾尔莎·凯斯库拉，二战后都居住在瑞典，在1952年创办了《图瑞努》杂志。这几位女性都是爱沙尼亚民族服饰、手工艺和美食专家，她们深刻了解需要创办一本杂志，来保留她们的传统，并将散落于世界的爱沙尼亚人联系起来的必要性。作为唯一以爱沙尼亚语发行的杂志，《图瑞努》将全球的爱沙尼亚人团结起来，培养了他们的民族自豪感，通过保持与自己的语言和服饰的联系，使他们的生活因为爱沙尼亚传统而丰富起来。

拍摄：安·斯旺逊

这本杂志为季刊。波斯卡–格伦特哈尔一直承担主编的工作，直到她于1986年逝世。后来她的女儿——居住在多伦多的甜妮·肯茨接过了该杂志的编辑工作，直到1995年出版最后一期，至此该杂志已经出版了171期。在20世纪60年代，波斯卡–格伦特哈尔组织了一批编辑，让她们轮流承担该杂志的出版工作，春刊由澳大利亚的编辑完成，夏刊在瑞典完成，秋刊在美国完成，冬刊在加拿大完成。这些编辑和贡献者都是志愿者，她们在完成自己的本职工作和家务的同时，挤出时间来办这本杂志，她们是被一种民族自豪感和良好的愿望所驱使，从未得到任何经济补偿。

最初的杂志只是将打印的纸张进行装订。随着杂志的发展，也开始用更好的纸张印刷成彩色了，还有非常漂亮的封面。这些封面通常都是自然、工艺品和纺织品的图片，在刚开始出版的每一期都会传递出激励性的信息，每一页后面都配有诗歌、文学作品、艺术作品、文化、卫生、营养和美食配方。每一期还配发穿着带有特殊图案的民族服装的年轻女性的照片，同时还讲解这些民族服饰的制作步骤。

雷利·雷特，哈普萨鲁UKU主任，在苏联占领时期组织进行披肩和围巾的生产，图片拍摄者不详，哈普萨鲁拉尼玛博物馆珍藏图片

另外一个关于披肩来源的是《哈普萨鲁编织》（*Haapsalu Rätik*），这本书于1972年由纽约爱沙尼亚女性联合俱乐部出版。这本书讲述了这种技艺的历史，还用文字（而不是图表）讲述了中间、边缘和饰边的图案，并附有一个三角披肩的图案。这些信息都由身在异国他乡的爱沙尼亚编织者编撰。她们有的是在二战前在哈普萨鲁学习了这种技艺，这样做是为了将其他身处异乡的爱沙尼亚女性联合起来。《图瑞努》和《哈普萨鲁编织》使得身处世界各地的爱沙尼亚编织者可以学习和从事这项传统技艺。

现状

今天，无论是在小镇还是在塔林或是在爱沙尼亚的其他地方，都有许多繁华的哈普萨鲁蕾丝披肩市场，哈普萨鲁的编织者依然用传统的方式编织披肩，依然是用蕾丝饰边，如果有饰边还是将饰边与完成的中间部分缝在一起。有些方形披肩依然是纯手工编织的，现在大多数是长方形的，而三角形的披肩依然非常受欢迎。

用蕾丝编织的方法制作的披肩和围巾已经传到爱沙尼亚的其他地区。爱沙尼亚国家博物馆收集了许多来自不同村庄的蕾丝样板，尽管有些相像，但是在那些地方图案和编织技艺也许和哈普萨鲁的不太一样。如今在爱沙尼亚，哈普萨鲁披肩泛指所有的蕾丝编织披肩和围巾，不管是正方形的还是长方形的或是三角形的，只要是爱沙尼亚编织的都叫哈普萨鲁披肩，都被认为是爱沙尼亚值得骄傲的传统。

雷利·雷特在为UKU检查披肩，照片拍摄者不详，哈普萨鲁拉尼玛博物馆珍藏图片

20

美丽的爱沙尼亚蕾丝披肩

怎样编织哈普萨鲁披肩

哈普萨鲁编织一词似乎成了爱沙尼亚蕾丝披肩或围巾的通用叫法。在爱沙尼亚，真正的爱沙尼亚哈普萨鲁编织是正方形的，而三角形的披肩叫作寇姆娜克编织，长方形的披肩或围巾叫萨尔。所有的披肩都是带网眼的蕾丝图案。这些图案有些是传统的，有些是新设计的。如果上面带有阿莉皮茨或蕾丝饰边的话就是传统的样式，是分开编织然后手工将其与中间部分连接在一起。而非传统的编织是在已完成的披肩中间部分继续编织上蕾丝饰边，这些饰边种类繁多，正是这些小小的细节才使编织如此有趣，充满快乐。

中间部分

要想设计一个长方形的披肩，可以从第122～145页的针法术语里选择中间部分的针法图案。在许多图案中编织小球针和特殊针法时，可以参照第24～27页的说明。可先织一或两个花形（图案）的样片，然后熨烫平整，再测量一下样片的长和宽。再用这些测量的数据来决定你想编织的披肩中间部分花样重复的次数。如果需要，一定要加上一些平衡的针目，使花样协调或两边对称。当决定好花样重复的次数，要记住熨烫定型会使织物稍稍变长或稍稍加宽，也会使四周的针目和蕾丝边缘稍宽，长方形的哈普萨鲁披肩通常是60cm宽，170cm长。

哈普萨鲁长方形披肩的四周通常有平针框作为边缘并加有蕾丝饰边

开始定型

通常围巾或披肩的四周会有一圈窄窄的起伏针，如果要往上缝蕾丝饰边，四周通常是8行起伏针（4行起伏针隆起）。如果没有蕾丝饰边，平针框的上下两端是5个隆起，两侧是5针宽。在计划自己的设计时，一定要将起伏针边框的针目数计算到针数和行数的总针数里。

运用灵活的编织方法（见第23页），根据需要的针数起针，除了起针后的第1行，每一行的第1针都织滑针以形成一个边（见第23页），这样当往上接缝蕾丝边或直接挑针编织蕾丝饰边时，比较容易识别。毛线置于织片前面，将边缘的针目从下针方向滑针，再将毛线拉至反面，夹在两针之间准备织下1针。

起针和边缘（饰边）针法

棒针起针法

在爱沙尼亚，这种起针法叫作温尼夫·库图德·瑟夫，又称为下针起针法。打一个活结，然后将其穿在左手的棒针上，就像织下针一样，*将右针穿入活结，将毛线绕在针上（见图1），挑过毛线形成新的1针，将新的1针穿在左针上，使其处在活结的前面（见图2），从*处重复，右针总是穿入形成的最后1针中。如果是起蕾丝饰边可以用双股线起针法（如果是起中间部分的针目，用单股线）。起针后将线剪断1股，用单股线编织边缘，通常会有两个下针行直接织在双线起针行后面，而这两行下针也会出现在图案针法开始之前。

边缘针法

为了确保织片边缘整齐，易于后面挑针，每一行的第1针要向上针方向滑针，我喜欢将每个第1行的第1针织下针——这一针刚好在起针的后面，因为这第1针支撑较少。在第1行后我会将所有的边缘针目织滑针，为了将饰边针目织滑针，将线置在织片前面，像织上针（见图1）一样将第1针织滑针，然后将织线拉向织片背面，使其处在滑针和下一针之间，使织线正好处于织下针（见图2）的位置。按以前的做法，将这一行织完。这样会使边缘的针目稍显扭曲。

这种方法也有两种例外：一种例外是在织三角披肩时，在两个侧边起针，披肩由侧边向上边缘的中心进行编织，在这样的过程中一直在减针，在这种情况下边缘针目是减针编织，而不是滑针；另外一种例外是在织起伏针蕾丝边缘时，这些蕾丝饰边是被缝到披肩中间部分，这些饰边针目是织下针，而不是滑针。

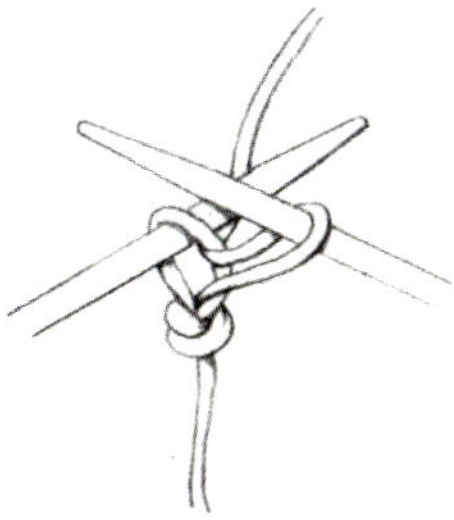

图1

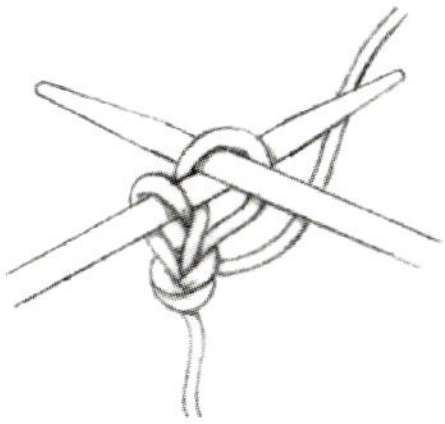

图2

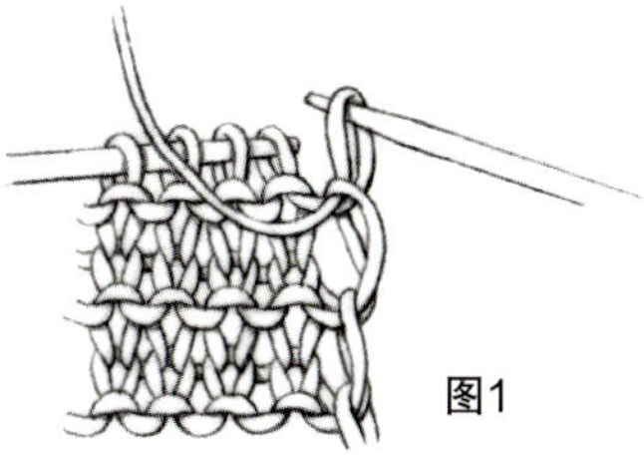

图1

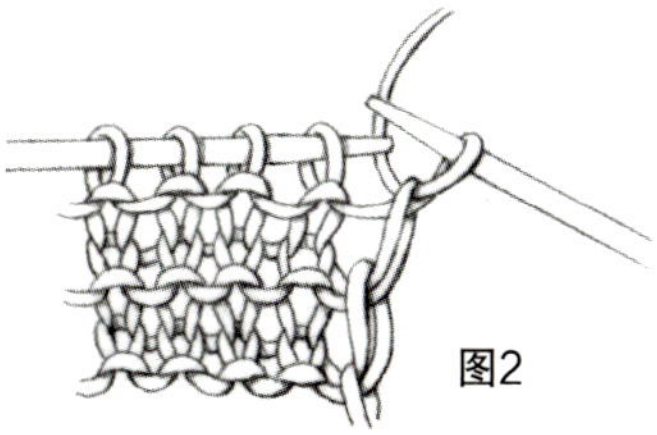

图2

中间图案

编织自己定好针数的起伏针行，然后开始编织正面行编织中间部分的图案。编织中，为了能看清楚每一边的起伏针框架，在正面边框（当正面朝上时）针目后面放置记号圈，在左侧边框针目前放置记号圈。根据自己需要，重复中间部分图案的编织次数。

结束框架编织

编织8或10行（4或5个隆起）起伏针，与刚开始的织片上的起伏针框架行对称，最后织以正面行结束。

织片反面向上，用2针下针并1针（见第27页）将所有针目收针，这种方法可以确保边缘有弹性，当中间部分伸展时也可以随之伸展。

小球针（枣形针）

小球针（在爱沙尼亚语里也称为球球或扣子）是一种像泡泡状的饰物，在许多爱沙尼亚蕾丝图案中都很常见，用5、7或9针可织成1个小球。7针小球通常用细毛线或中细毛线织成。用粗毛线5针可以织成1个小球，用最细的毛线9针可以织成1个小球。编织小球方法有很多，但我通常都用下面的方法制作：在正面行上编织小球，如在左针上第1针中*织下针、挂线，再织1针下针（见图1），从*开始重复，直到得到5、7和9针。织下针结束，来固定最后一次挂线（见图2，图释的是7针法）。在下一行将这一串小球的针目用上针织在一起（这就是为什么要松松地织1针），这样就恢复到原来的针目数了（见图3）。一种较老的编织方式是在织片反面加针，然后在正面穿过线圈的背面，将它们用下针织在一起。

如果是环形编织（比如挑针编织披肩饰边时），可以在一圈中加针编织小球针，然后在下一圈从针目的线圈背面织下针，将5、7或9个小球针织在一起做减针。

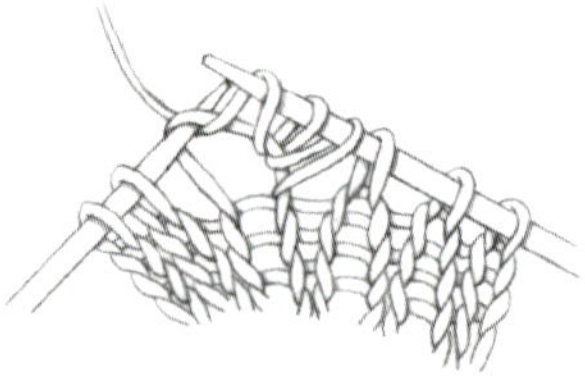

图1

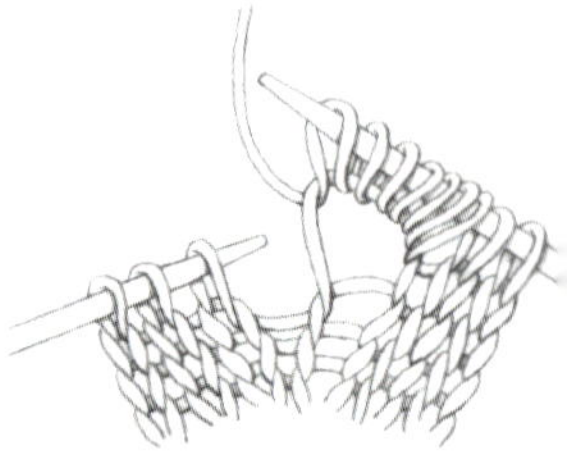

图2

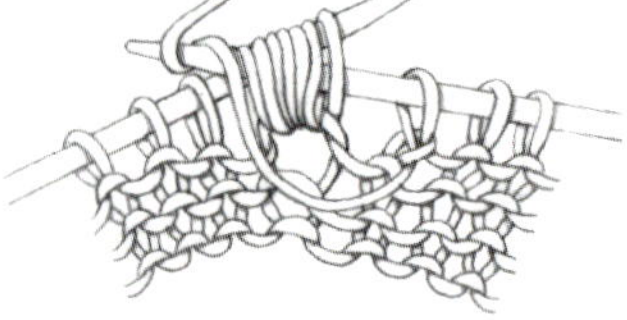

图3

织小球针的要点

针目要松

在制作这种爱沙尼亚蕾丝编织的小饰品时，我能给你提的最好建议是：在加针编织小球针时，针目要松，我发现从线团上拉出一根长线，这样在你挂线时，毛线就不会更紧，这一点是非常有帮助的；我还发现用不握线的手上的大拇指和食指捏住小球针针目可以防止小球的针目过紧；我更发现右针上拉一些可以在制作小球针时使所添加的针目较松。

针目太多或太少

如果在某一个重复的部分针目太多，要检查每一个小球针确保下一行所有的小球针针目都织在一起，在将5、7和9针织在一起时很容易丢1针，这样做会无意间增加针目数，如果已发现小球针线圈丢了要立刻修复，如果你不想拆到织错的那1针，至少得将一根毛线穿到脱的那1针里，最后你可以将这根毛线线头织进披肩的反面来固定线圈。在披肩熨烫整形之后，将线头修剪好，不至于使线头从正面冒出来。

织进线头

如果你不想增加蕾丝饰边，可以在起伏针框的反面将线头织进去（这样线头就不容易看见）。修剪线头，在披肩熨烫定型之后留出5cm的线头以便修剪。如果准备缝上蕾丝饰边的话，披肩蕾丝饰边两个半片交接处的每个角里都留一个线头（左下角和右上角正面都可以看见），这些线头将被用来将蕾丝饰边的角缝在一起。

传统蕾丝饰边

传统的哈普萨鲁披肩，蕾丝饰边是先分成两片织好，然后再手工缝在中间织片上的。你可以选择第146～151页的图案或自行设计饰边，最常见的饰边宽5～10cm，大多重复10针。通常花样华丽的中间织片与简洁的饰边相结合，两片蕾丝饰边在中间织片的对角处接在一起。如果你想将饰边织成一片（这种做法不太常见），那么只在一个角部有接缝。

特殊针法

爱沙尼亚蕾丝图案中除了经典的挂线（加针）和减针外，还有一些特殊的编织技巧。

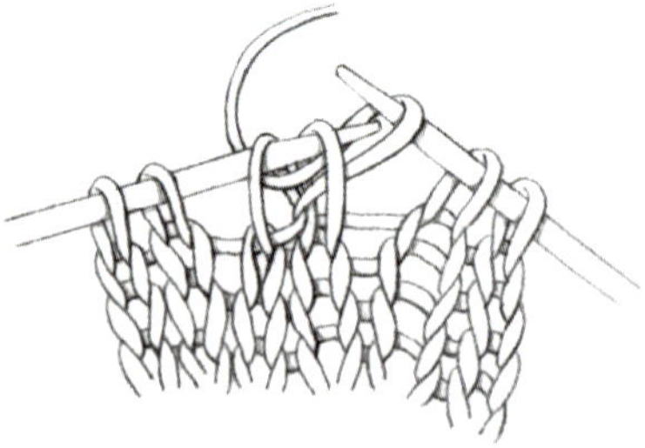

图1

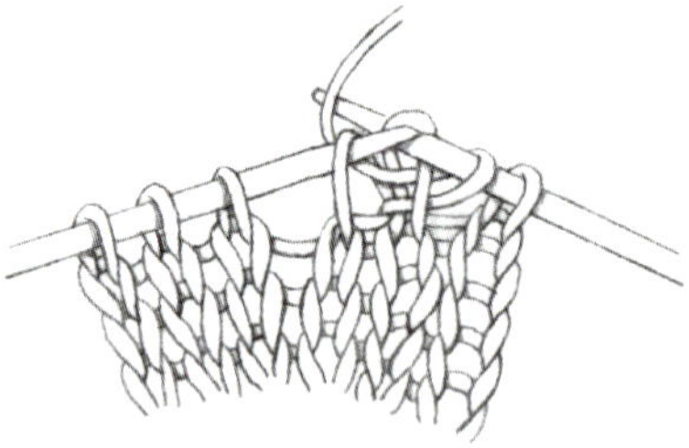

图2

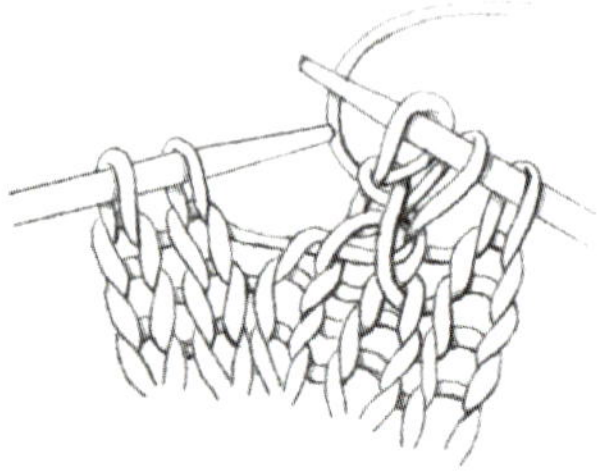

图3

穿过线圈背面织2针下针并1针、1针下针、将2针一起滑针

从线圈背面入针织2针下针并1针，并将这2针留在左针上（见图1），再将左针上第1针织下针（右针上有2针，见图2），然后将这2针从左针上滑下（见图3）。

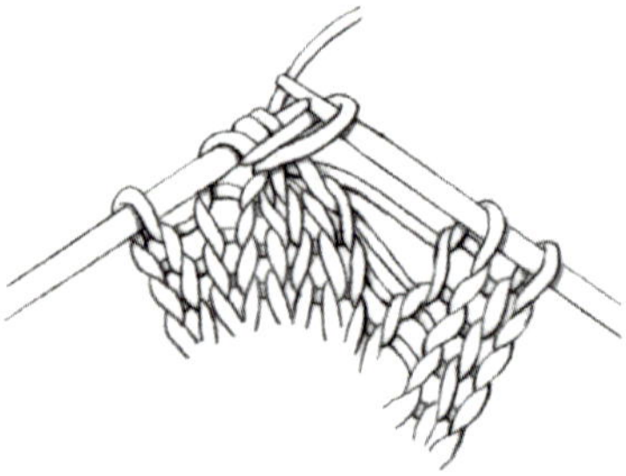

图1

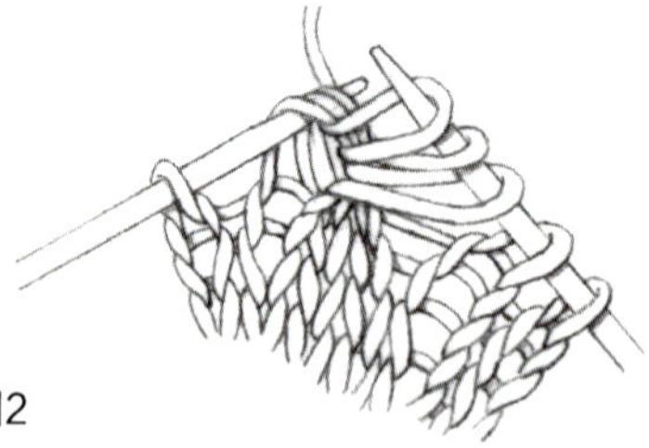

图2

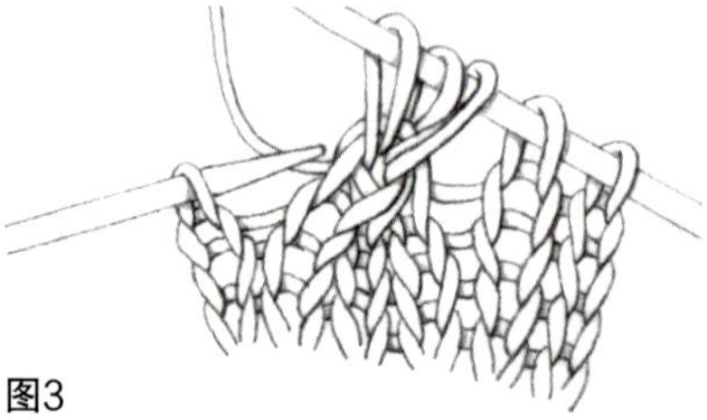

图3

在同一针上（3针下针并1针、挂线、1针下针）

织3针下针并1针，并将这3针留在左针上（见图1），挂线，然后再织3针下针并1针（右针上有3针，见图2），然后将这3针从左针上滑下（见图3）。

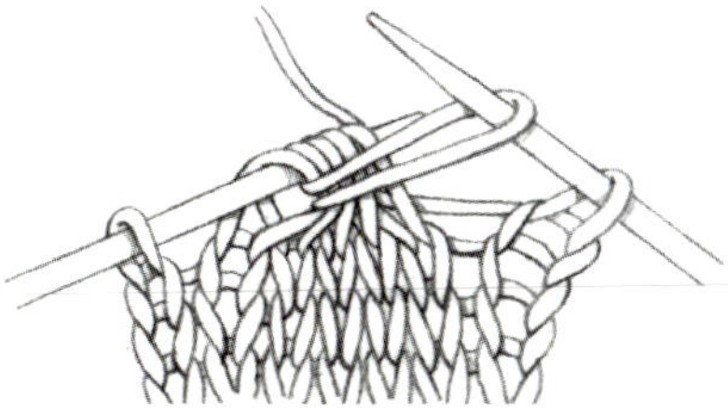

图1

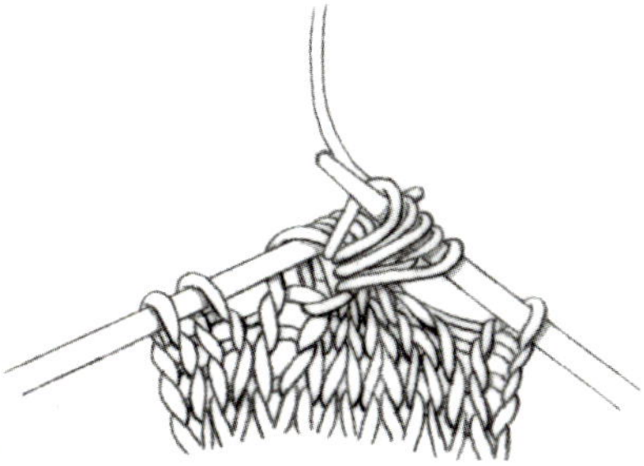

图2

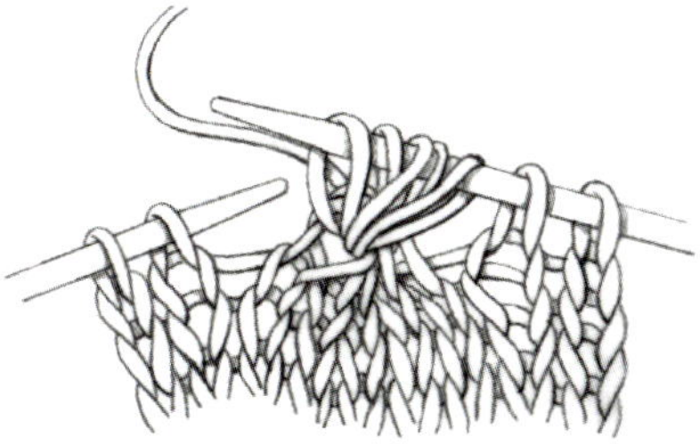

图3

5针下针并1针，然后再织出5针

织5针下针并1针，并将这5针留在左针上（见图1），挂线，然后再织5针下针并1针，再挂线，然后再织5针下针并1针（右针上有5针，见图2），然后将左针上的5针滑下（见图3）。

收边

2针下针并1针收边

爱沙尼亚人进行蕾丝编织时，都用2针下针并1针收边。披肩中间部分的收边是用单股线完成的，因为蕾丝饰边的收边将被缝在披肩上（这个饰边起针时用的是双股线）。从披肩中间织片挑针编织的蕾丝饰边的收边用双股线。将第1针织滑针，第2针织下针，*将左针从左至右穿入这2针中，用右针穿过它们后面的线圈将这2针并在一起，完成2针下针并1针（见图1），然后下1针织下针（见图2），从*处重复直至最后1针，剪断毛线，将线头从最后一个线圈拉出，以固定收边的最后1针。

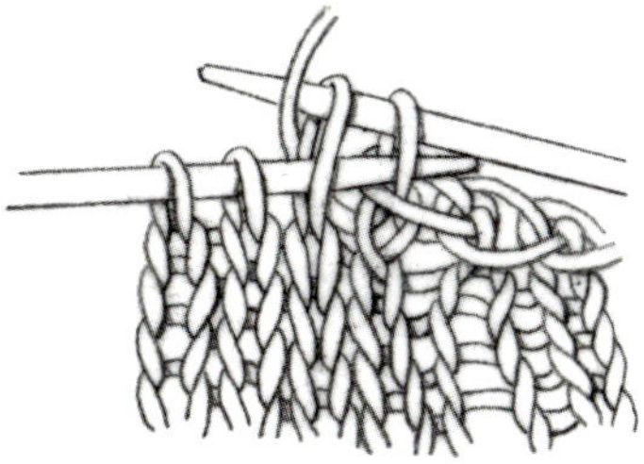

图1

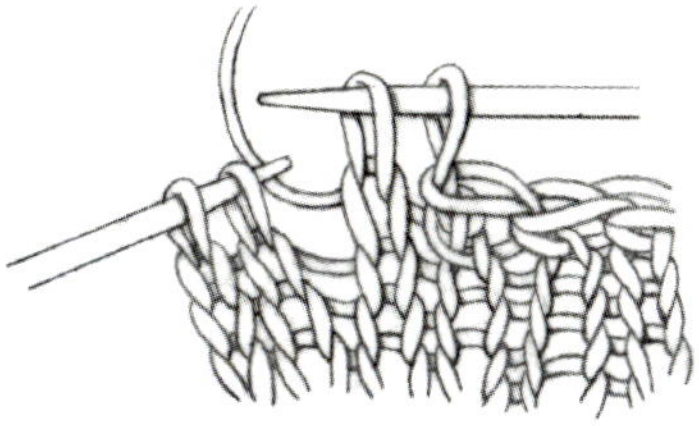

图2

接新线

打结

我一直不主张在正在编织的毛线上打结，下面的做法是我在哈普萨鲁得到的启发，这种情况下，打结也是一个不错的主意，因为小球球可以遮住打的结。用毛线打一个小结，留出一根长线头，要将结打在小球上，可以最后修剪线头。如果在织没有小球的图案时，不建议使用打结接线。

叠加线头

将一根线穿在针眼里，将这根针穿在另一根线里（见图1），然后修剪线头（见图2），这样就做成一个结实的叠加接线。

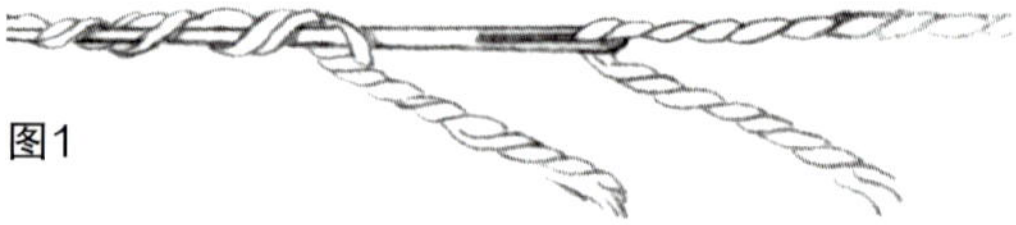

图1

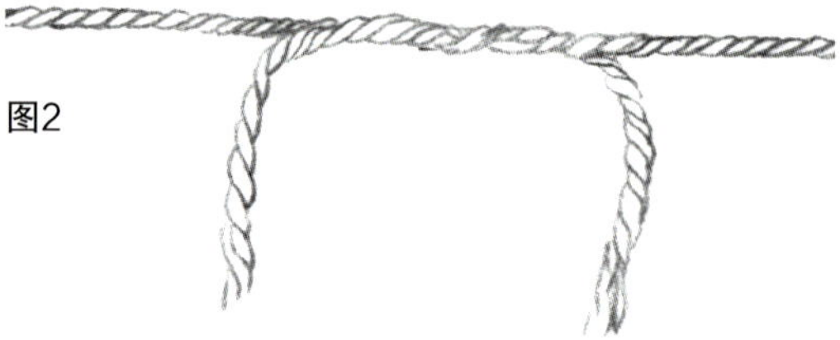

图2

捻合

这种捻合接线法只适用于纯羊毛或羊毛与其他动物纤维制成的毛线，不适用于丝线、棉线、可洗羊毛线和合成线。将两根线的一端分别松散出2cm（见图1），线头打湿（用唾液最好，如果你喜欢也可以用水），将线头叠加（见图2），用洗干净的手迅速将重叠部分来回搓捻（见图3），直到两根线捻在一起，这种方法只是将毛线简单地捻在一起，不是很结实，编织时要小心。

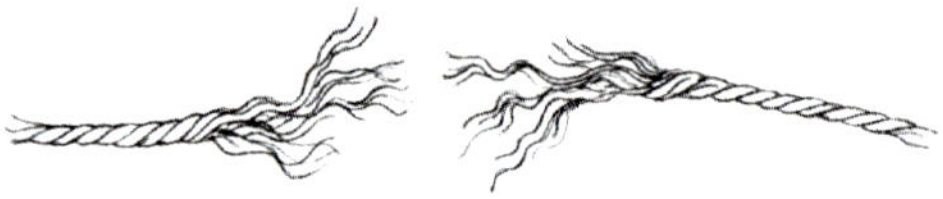

图1

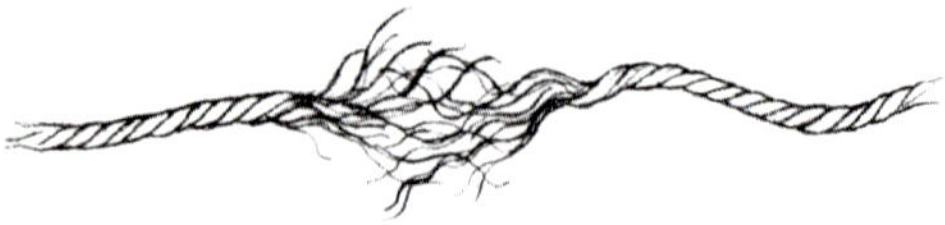

图2

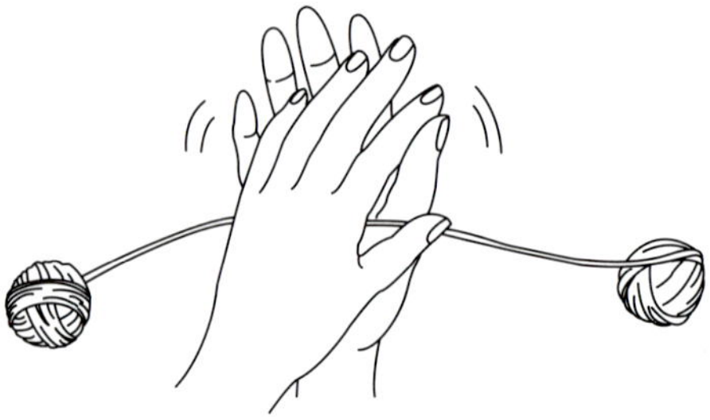

图3

计算针目数，准备织蕾丝饰边

有两种计算起蕾丝饰边针目数的方法，两种方法最后的结果大致相等。我喜欢两种都用，以便确定自己得出的针目数正确。

首先你要了解中间织片宽边的针目数，其中包括起伏针框的针目数，同时还要数出中间织片的长边针目数，这时也要包括起伏针框的针目数，因为每一行的第1针滑针了，因此饰边针目数是编织行数的一半。比如说，如果中间织片是300行，那么饰边针目数就是150针。

方法1

这种方法是数出全部边长的所有针目。

A = 宽边针数 × 2

B = 长边针数 × 2

$C = A + B$

$D = C \div 5$

四角的多出针目 = 每角多出18针 × 4个角=72针

总数 = $C + D + 72$

将总针数除以2得出半个饰边上的针目数（上边或下边再加一个侧边）。最后从上面或者下面计算出所织图案的大致的针数。例如，我们要织的披肩是121针宽，150针（300行）长，假设我们要用的每个图案是10针加1针，重复的饰边针法。

$A = 121 \times 2 = 242$

$B = 150 \times 2 = 300$

$C = 242 + 300 = 542$

$D = 542 \div 5 \approx 108$

四角的多出针目= 18 x 4 = 72

总数= 542 + 108 + 72 = 722

分两片编织饰边用722除以2得出每半边的针数，这样每半边就是361针，为了使针目数刚好能重复编织10针蕾丝图案，如果总针数是在362～370针，那么每半片是361或371针。

方法2

这种方法是计算出每半片饰边的针目数。

A = 宽边针数+18（2个角）

B = 宽边针数 ÷ 3

$C = B \times 4$

$D = C + 18$（2个角）

总数 = $A + D$

你需要从上或从下数出总针数，总针数可以被花样的针数除尽，例如我们有下面这组数字：

$A = 121 + 18 = 139$

$B = 150 \div 3 = 50$

$C = 50 \times 4 = 200$

$D = 200 + 18 = 218$

总数 = 139 + 218 = 357

针数最接近于可以被10加1针数所除尽，得出每半片是361针，这与用第一种方法计算出来的数字相同。

编织蕾丝饰边

用指定的下针起针法（见第23页）为蕾丝饰边起针，方法和主织片一样，但是要将两股线并在一起，可以使起针的饰边更厚更结实。哈普萨鲁的编织者可能会选择使用比织中间织片所用的针大一二号的棒针起针，然后用比起针小一些的棒针编织蕾丝。但是，我通常都用同一号的针织披肩的中间织片和蕾丝饰边。剪断起针的一股线，用另一股线编织，织两行下针。从图案的蕾丝饰边扇形向外延展的地方开始编织蕾丝饰边。对大多数饰边图案来说，这种方法会沿边线形成双边减针。不过通常你会以单减针开始织饰边——在一行的开始处“织右上2针并1针”，在一行的结束处织左上2针并1针。在这种蕾丝饰边的针目上是不滑针的。在重复的地方连续地减针，通常会减双针，或者用一个下针针目将两个单的减针针目分开，多数货真价实的哈普萨鲁蕾丝饰边都是以起伏针（正面行是图案行，反面行仅仅是编织行）织成的。

将蕾丝饰边织到所需长度，反面朝上用单股线以2针下针并1针的方法（见第27页）收边。

蕾丝饰边与中间织片缝合

缝合蕾丝饰边时，使最宽的扇形部分处在两个对角之间，这样这两部分的另两个对角也接合在一起（如果蕾丝饰边是织成一片的，那么只在一个角里有接缝，用与线团连接的单股毛线将这两个织片缝合在中间织片上）。缝合时，毛线是连接在线团上的，而不是剪成单根的（那样线可能不够缝合全部的缝边）。直到将两片蕾丝饰边都缝上，并将四个角都缝好，确保松紧适度与针目相符才剪断缝合毛线。

长方形披肩

我是从哈普萨鲁的艾米·艾达西那学到下面将蕾丝饰边缝到中间织片上的方法的。

用拇指和食指捏住中间织片的边，并用食指和中指捏住蕾丝饰边的收针行，这样两个织片的正面对在一起（见第32页图1，箭头标示出针穿过每片织片的方向）。中间织片靠近自己，箭头标示出缝合时针的路径，从中间织片的左下角（起针行的左边）开始，把线团上的毛线穿进毛线缝针，将穿好的针从后往前穿过蕾丝饰边的前三个线圈（见第32页图2），然后再从前往后穿过中间织片的第1个线圈（见第32页图3），再重复这种3:1的方式2次（总共3次）——蕾丝上的9针和中间织片上的3针就缝在了一起（见第32页图4）。下一步从蕾丝饰边上挑2个线圈，从中间织片上挑1个线圈缝合，再重复这种2:1的方式2次（总共3次），然后缝制披肩的侧边，每片上分别两次挑1个线圈，然后在蕾丝饰边上挑2个线圈，从中间织片上挑1个线圈（分别是1:1、1:1、2:1），直到蕾丝饰边的扇形中心有15针，以形成角部。中间织片角部处有6针，然后分3次分别挑蕾丝饰边上的2个线圈和中间织片上的1个线圈，再分3次挑蕾丝饰边上的3个线圈和中间织片上的1个线圈。

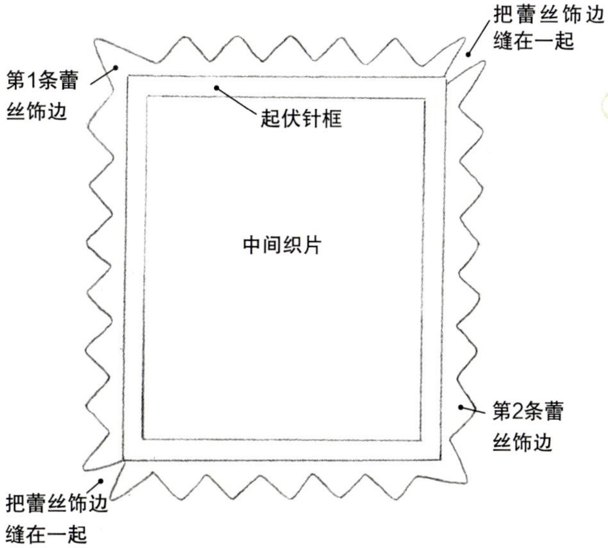

织两条蕾丝饰边，再缝到织片的四周。将蕾丝饰边两端的两个长角与另一条的两个长角缝在一起，并分别缝到织片的两个对角上

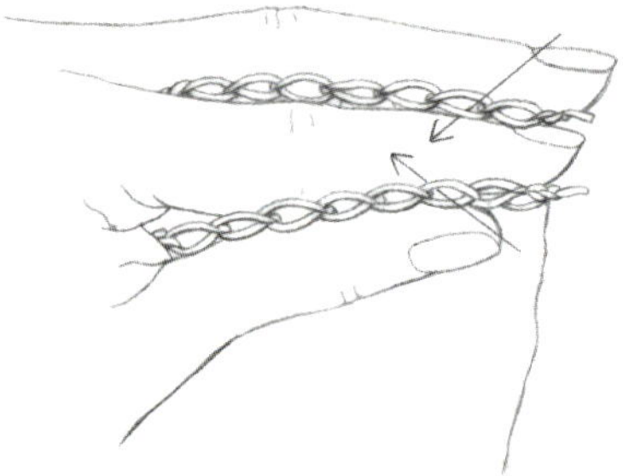

图1

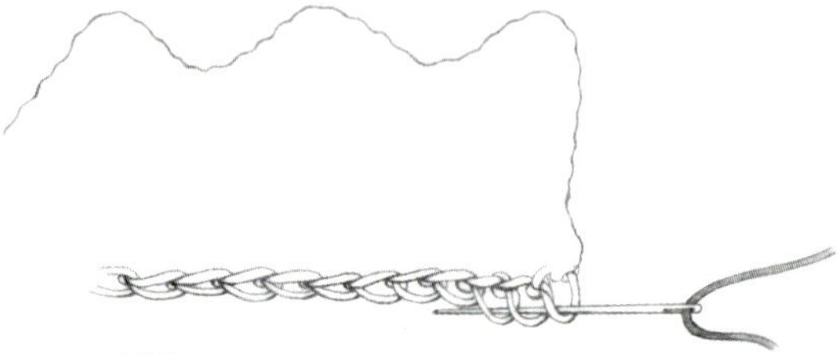

图2

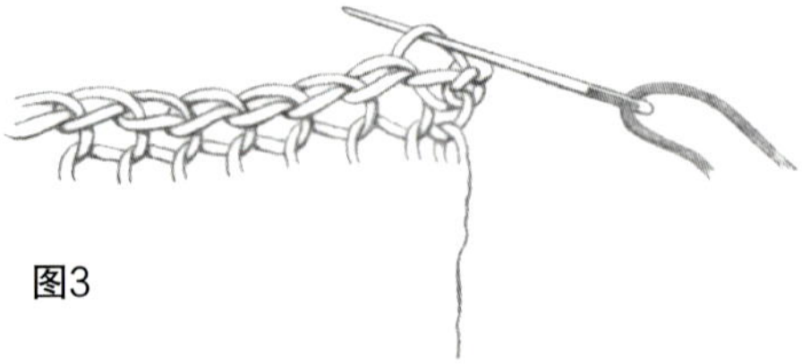

图3

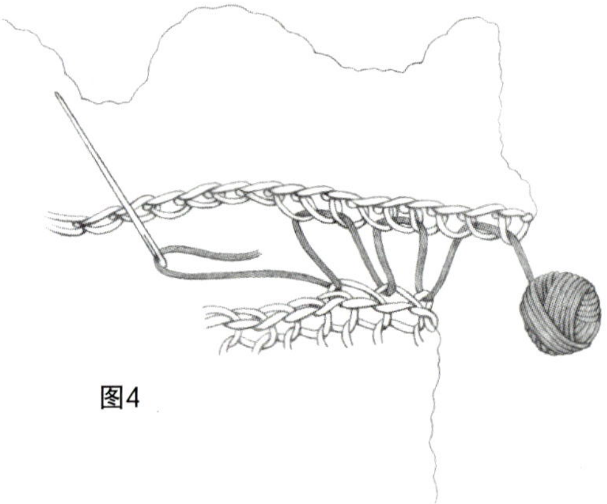

图4

继续下面的步骤，编织中间织片的上边缘：重复3次从蕾丝饰边上挑3个线圈并从中间织片上挑1个线圈，再2次从两个织片上挑1个线圈，这次是从蕾丝饰边上和中间织片上分别挑1个线圈（分别是1：1、1：1、1：2），直到蕾丝饰边扇形中心上缝15针，而中间织片的中心缝了6针。分3次挑蕾丝饰边上的2个线圈和中间织片上的1个线圈（2:1），再分3次挑蕾丝饰边上的3个线圈和中间织片上的1个线圈（3：1），直到缝好角部。

以同样方法将另一条蕾丝饰边和中间织片的剩余两个侧边缝合在一起，当一圈蕾丝饰边与中间织片都缝好后，可以用角部之前没有织进去的剩余线头将蕾丝饰边的两头缝合在一起。

小心拉缝合线，免得出现皱褶、聚集或在中间织片和蕾丝饰边之间的缝合边上因缝合线太紧而形成疙瘩，小心不要将剪断的毛线一头穿过缝合针目。当你发现蕾丝饰边已经均匀地分布在披肩四周，效果不错，就可以从毛线团上剪断缝合线，披肩定型后将线头织进披肩。

正方形披肩

下面的方法是将蕾丝饰边缝合到正方形披肩上的，这种方法来自琳达·埃尔加斯编著的《哈普萨鲁编织》一书。琳达推荐使用这种方法和织长方形披肩的角部一样，只是在角部之间的区域，分3次分别在蕾丝饰边上挑1针并在中间织片上挑1针，然后在蕾丝饰边上挑2针，中间织片上挑1针（分别是1：1、1：1、1：1、2：1），这种方法适用于四条边形成的4个角部。

编织正方形披肩时，蕾丝饰边需要编织均等的重复图案，这样就能保证每个角部之间的边上形成同样针数的“尖”，每个角上有一个“尖”（在两个角和重复图案一半之间形成的尖，它们被缝在一起，在另外两个角里形成一个完整的图案。如果饰边是以一整片织成的话，会在三个角里和最后一个角里形成一个完整的重复图案），也许你需要重新调整一下针数来达到这样的效果。

收尾

用温水洗涤披肩（在爱沙尼亚，人们用雨水洗涤），轻柔地揉搓，再漂洗揉搓，不要拧干水分，披肩还是湿的时候，将其套在一个木制的定型框上定型。这个定型框的四条框上按照平均的间距钉有钉子，也可以将披肩钉在一片盖着布片或毛巾的地毯上（见第35页）。还有一种方法在爱沙尼亚不常用，但在美国是非常流行的方法，那就是使用定型线。两种方法都是要将披肩自然风干后再取下，最后将线头织进披肩。

时尚的挑针织蕾丝饰边

尽管传统的哈普萨鲁长方形披肩有一个缝上去的蕾丝饰边，而且哈普萨鲁的编织者认为这是编织披肩的正确方法，但爱沙尼亚其他地方的编织者会在从中间织片的四周挑针，绕披肩的四周织蕾丝饰边，雷利·雷曼在她的书里讲解过这种方法。我猜测这种方法是由于环形针的发明而演变出来的，因为这种蕾丝饰边是不可能用单头棒针完成的。我觉得这种添加蕾丝饰边的方法是一种现代的饰边添加方法，四角是由斜接边形成，这种斜接边是在每个角里的图案上加针完成的，这种方法可以使饰边平整。我是从我的朋友希尔贾·阿维克那里学到这种为披肩添加饰边的方法的，她是塔林非常娴熟的蕾丝编织者和老师。

以选择中心针目图案开始，编织一个样片来决定织片的密度，然后决定起针的数量，而且包括第29、30页所讲的传统方法中边框的针目。

在准备挑边缘针目时，中间织片上先做好临时的起针针目（见第37页），用不同颜色的另线，钩锁针，至少要比你所需要的起针数多10针锁针，剪断毛线，将线头穿入最后一个线圈固定，在这个线头上打个结以便后来容易找到，用毛线在锁针尾部开始和结束的地方挑针，在锁针的凸起处挑针织1针，直到得到自己所需的针数。

饰边针目

除了起针后的第1行，后面每一行的第1针都织滑针（第1行的第1针织下针）形成一个收边，后面挑针时，收边清晰可见，毛线搭在前面时，将这一针向上针方向滑针，然后再将毛线回到后面夹在2针之间准备好织上1针（见第23页）。

中间图案

开始织几行起伏针，按照织传统披肩的方法编织中间图案（见第22页），在织完重复图案（在反面行）的最后一行后结束编织，再织几行起伏针，先不要收针。

蕾丝饰边

在披肩四周编织蕾丝饰边时需要用环形针，有时在饰边被挑针之前，要先编织几圈起伏针，然后再编织蕾丝图案。在图案四周再编织1圈下针形成1圈起伏针的背景。为了给蕾丝饰边织出起伏针背景织物，在图案四周用上针织出边来，尽管间隔编织上针会形成起伏针背景，这样的做法与传统的披肩（在传统披肩上饰边是另外编织好缝上去的）编织无异，但这种方法很少被爱沙尼亚编织者使用。

定好编织饰边上图案重复时所需的针目（比如：披肩的四边上每个边所需的针目是10的倍数加2针），用环形针，中间织片的正面朝上，从织片上端挑织一行下针（针目依旧在棒针上），在第1针后加上一个特殊的记号圈，再加10～15针（不管怎样都要使编织图案的针目数无误），使织片上端更加饱满。然后沿中间织片的左侧开始挑织下针，在第1针后面放置1个记号圈。沿整个边缘按比例每2个收边针目（见第38页）挑3针，最后比收边针目多挑3针。为了编织出更饱满的饰边，从第1针上挑1针，第2针上挑2针，再在第3针上挑2针，沿整个收边重复上面的挑针方法。

定型框

为正方形或长方形披肩定型的框是四根木条制成的。木条的规格为：厚2.5cm，宽5cm，长130～200cm。木条必须干燥、质轻、不渗水，通常都是用桦木材质，不锈钢或铜质的钉子（7.5cm长）钉在木条表面离中心5cm处，间隔5～6cm，钉子突出木条表面约5cm，用布条或细绳将木条的四角绑在一起。

将潮湿披肩的蕾丝饰边套在钉子上，检查定型框要足够长以适应披肩的长度。如果不够，需要换更大的定型框或将披肩钉在地板上。要将木条绑紧形成结实的定型框，将披肩上的尖状图案的线圈套在钉子上，逐一套好线圈。如果蕾丝饰边上的尖状图案间隔与钉子的间隔不符，可以在每个尖状部位穿入金属针或结实的定型线，然后将金属针或定型线钩在钉子上。爱沙尼亚编织者通常都是重复编织同一种图案，所以他们的定型框是专门为这一种图案而制的。

还有一种方法就是在地板上放一个填充物（用地毯作为填充物效果最好），上面铺好床单，将湿披肩覆上，然后将披肩的各个尖状图案钉在填充物的表面，没有蕾丝尖状的直边，可以在织边针目上穿入定型线，在晾干时使其保持平整，在定型线里边均匀地钉上钉子，使定型线保持自己想要的宽度和长度。

拍摄：南西・布什

当编织到起针边时，你需要将中间织片下部临时起针所用的另线抽掉，使正在织的针目显现出来，找到锁针上的打结线头，将另线小心翼翼地从锁针的最后1针抽出来，然后一次1针将另线轻轻抽出使起针针目露出来，然后将这些针目穿在1根空针上，数一下针目数，确保将锁针上的每一针上正织的针目都挑起来了，沿着这些针目织下针，就像在织上边缘时一样，加相同的针数，在第1针后放置第3个记号圈。

照之前的方法沿另一个缝边挑起针目，在这个边上的挑起的第1针后面放置第4个记号圈，在中间织片的右上角结束编织。

每个记号圈前面的1针都是角部针目，在这里需要加针以便编织斜接的角部，在第一个角部针目后的那个特殊颜色的记号圈是警示已经编织到了这一圈的开始部分了，同时也提醒你这是角部的第1针。

除了用已有的针目来编织角部，你也可以在每一个角部的尖端两侧各挑起一个新的针目，将挑起的这一针目也加在所数的针目里，每个角部一定要用记号圈来帮助你找到角部这重要的针目。

蕾丝饰边收尾

如果披肩有蕾丝饰边，用棒针挑起蕾丝饰边上的外边缘上的双针目，沿披肩一周，向上拉使边缘针目开大一些，这样就使蕾丝饰边的尖端更圆润，这个过程很重要。最后小心折叠起晾干的披肩，使蕾丝饰边上的尖叠在一起，通常爱沙尼亚编织者喜欢将叠好的披肩放在枕头上，让其静置几小时或一夜。

可以织1圈上针，再织1圈下针，然后再织1圈上针。这几行起伏针使挑起的1针和中间织片四周的加针清晰可见，或者你也可以简单地从下一圈开始编织蕾丝饰边图案，两种编织方法我在爱沙尼亚都见过。

依照蕾丝饰边图案进行编织，记着每个图案之间要交替编织1圈全下针或全上针，按上面所说在每个角里加针直到织出完整的重复图案，按照既定的方案，不需要在拐角处加针，织出4～6（或更多）圈图案，按照想要的宽度，在边上织出偶数圈数，完成边缘的编织。

收针

用双股线以2针下针并1针进行收针（见第27页），这种双线可以使外边缘更结实而且也可以使成品披肩更重，与编织传统披肩用双线起针效果是一样的。剪断毛线，将线头穿入线圈固定。

像制作传统披肩一样，需要洗涤定型（见第35页）。

起针

另线锁针起针

这种方法是我在爱沙尼亚时从希尔贾·阿维克那里学来的，她是我的第一位爱沙尼亚蕾丝编织老师。用另一条颜色不同的毛线，最好是棉线，钩织锁针，至少要比所需的针目多10针，将线头穿入最后一个线圈固定，在毛线上打个结以便后面找到。用织线和棒针沿着锁针的针目挑织下针（见图1）。在锁针的两端分别留出几针不挑针。当需要将挑起的针目露出来时，找到不一样颜色的毛线所打的结，拆去另线锁针，露出可编织的针目（见图2），将露出的针目穿在棒针上。

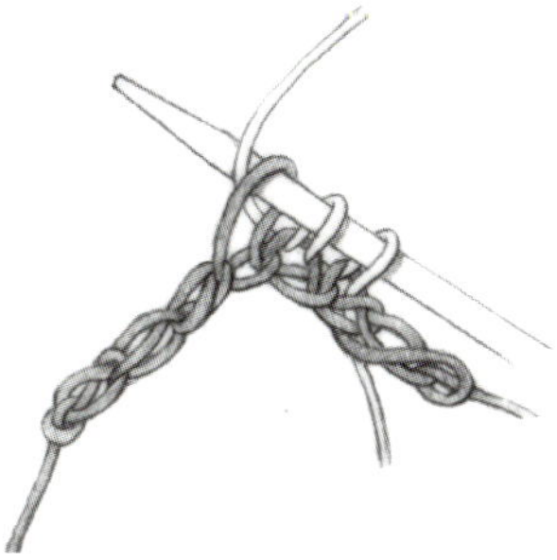

图1

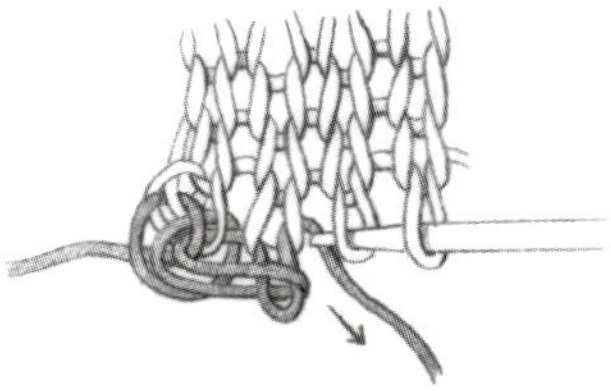

图2

在收边挑针

在收边的每2个针目中挑起3针织下针。做法是：在第1针锁针环挑1针（见图1），在第2个锁针的背面线环挑1针（见图2），然后在同一锁针线环再挑1针（见图3）。以这种方式挑完整个收边，结束时可能会比收边的针目多出3针。为了使边缘更加饱满，可以在第1针上挑1针，第2针上挑2针，第3针上挑2针，沿整个收边重复以上步骤。

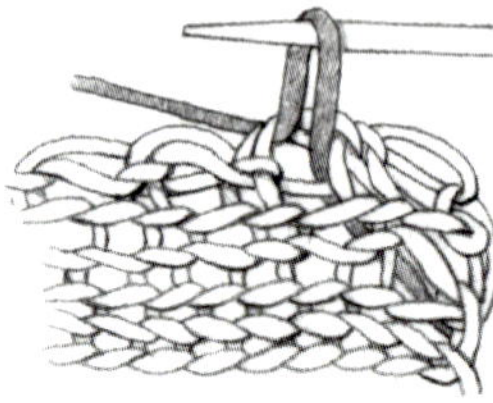
图1

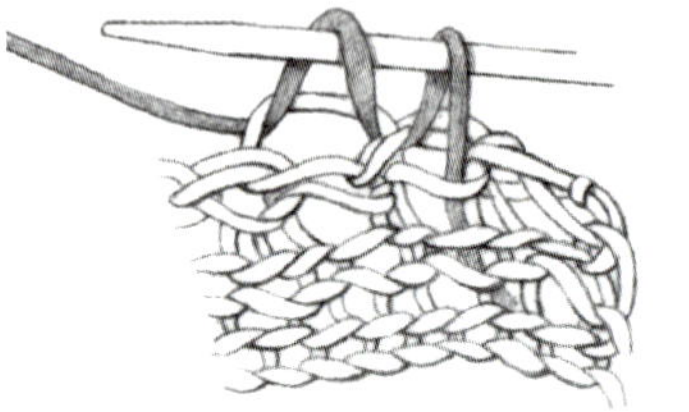
图2

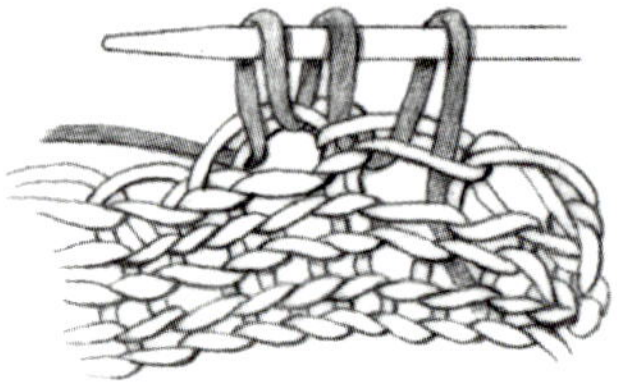
图3

三根棒针收针法

这种连接方法可使用无缝连接法来为从下往上织的三角披肩的收针，但要注意这种方法容易形成更加明显的收边。将需要连接织片的针目分别穿在两根棒针上，将两根针平行握在手上，两个织片正面相对，再将第3根棒针穿进两根针上的第1针（见图1），将它们一起织1针下针（见图2），*以同样方法用下针织第2针，然后用左针将第1针挑到第2针上面，滑针（见图3），从*处重复收完所有的针目。将毛线剪断，将线头穿过最后1针固定。

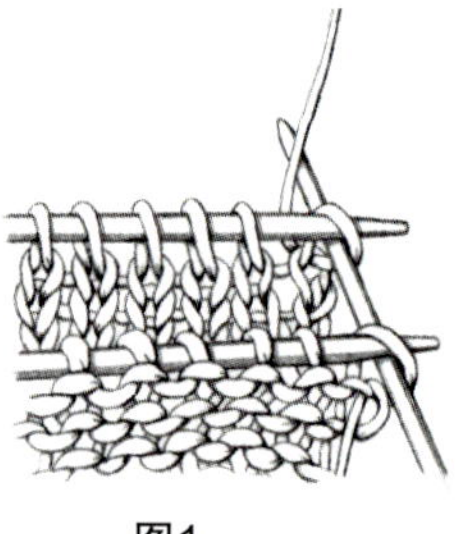
图1

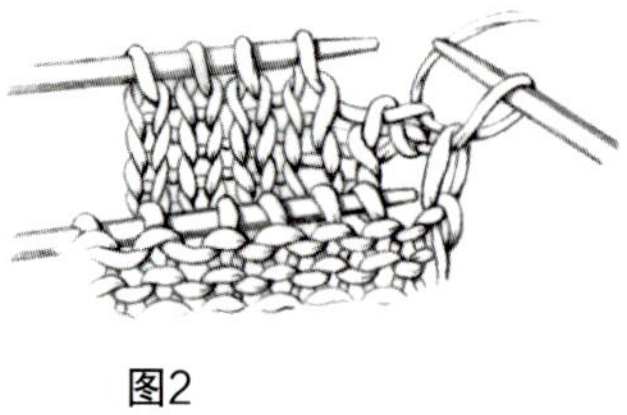
图2

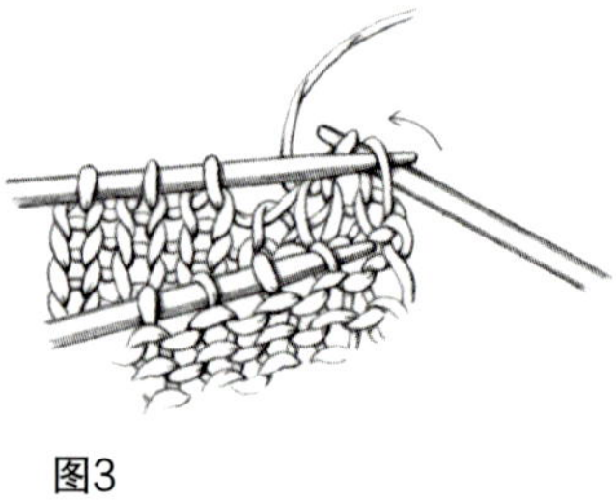
图3

无缝连接法

就我所知，爱沙尼亚人不用这种方法将披肩织片连接在一起。我所拥有的披肩里，上端或下端的边缘是缝在中间织片上的，缝边稍微有些明显，而且比编织的边缘伸缩性稍差些。在这种情况下我选择无缝连接法编织隐形缝边，同时伸缩性和编织行一样好。将针目均分穿在两根棒针上，反面相对，将两根棒针平行握住，将毛线穿在毛线缝针上，按下列方法从右至左进行。

第一步：将毛线缝针按照上针编织的方向，穿进前面棒针上的第1针，同时将这一针留在棒针上（见图1）。

第二步：将毛线缝针按照下针编织的方向，穿进后面棒针上的第1针，同时将这一针留在棒针上（见图2）。

第三步：将毛线缝针按照下针编织的方向，穿进前面棒针上的第2针，将这一针从棒针上滑针，然后将毛线缝针按照上针编织的方向，穿进前面棒针上的下一针，同时将这一针留在棒针上（见图3）。

第四步：将毛线缝针按照上针编织的方向，穿进后面棒针上的第1针，将这一针从棒针上滑下，然后将毛线缝针按照下针编织的方向，穿进后面棒针上的下一针，同时将这一针留在棒针上（见图4）。

重复第三步和第四步的方法直到每根棒针上只剩1针，调整针目的松紧度以适应后面的编织。收尾时将毛线缝针按照下针编织的方向，穿进前面棒针上的针目中，将这一针从棒针上滑下，然后将毛线缝针按照上针编织的方向，穿进后面棒针上的针目中，再将这一针从棒针上滑下。

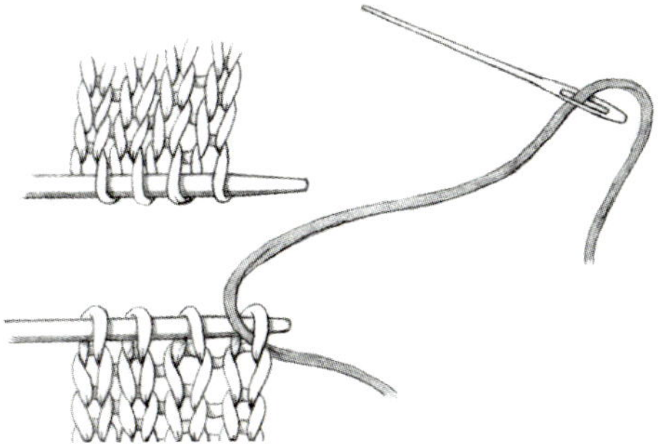

图1

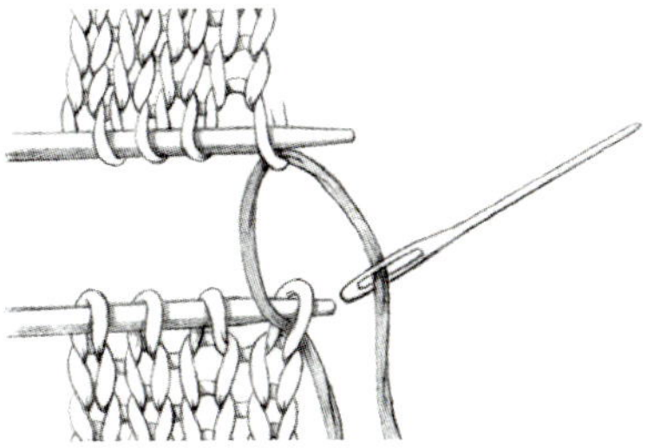

图2

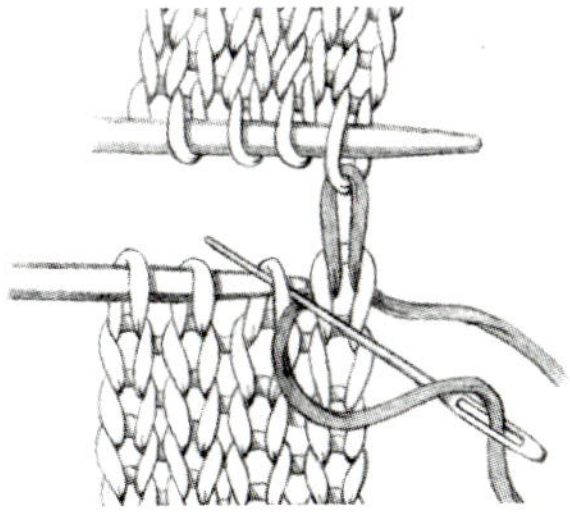

图3

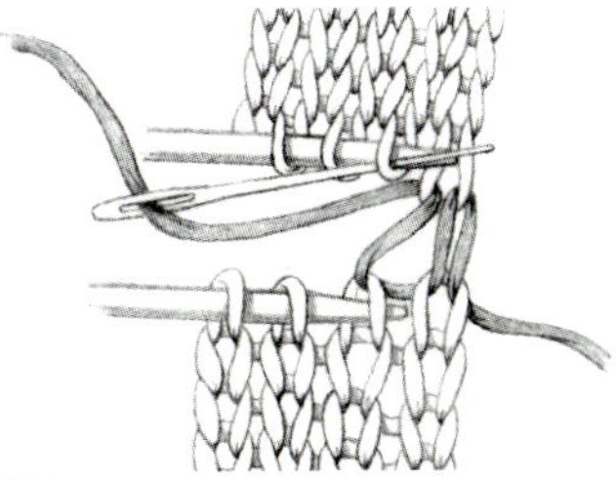

图4

作品编织

谢尔维亚皇后披肩

这款经典的披肩图案是以瑞典皇后谢尔维亚的名字命名的，它是从山谷百合图案演变而来，包括花蕾小枝之间的镂空花朵图案和每组小枝上方的小球果。披肩的蕾丝饰边是另外挑织而成的，运用了当今流行技巧。饰边的图案是一种经典针法的变体。这种针法是“挂线、织1针下针、挂线、织3针下针、滑1针、2针下针并1针、将滑针盖在并针上、织3针下针”，我将每个3针并1针的减针及其配套的挂线之间的3针下针改成了2针下针。我选择用上针织偶数圈来模仿传统披肩上的平针背景图案。

成品尺寸

定型后约宽61cm，长147.5cm

所用毛线

蕾丝毛线（0号蕾丝毛线）

此处所用毛线为美利奴蕾丝毛线（100%羊毛，每100克长1250米）：426号原白色，1团

棒针

美制3号（3.25mm)棒针和90cm长环形针。为使织物达到标准密度，可适当调整棒针的型号

其他

临时起针的另线、6号（4.25 mm)钩针、4个记号圈（中号，3个同色，1个不同色）、毛线缝针

密度

定型前，5cm×5cm面积内：平针编织10针，19行。定型后，谢尔维亚披肩每个花样20针，约9.5cm宽

针法说明

5针的小球针

松松地编织，在同一针目里织“1针下针，挂线，1针下针，挂线，1针下针”——由此形成1针放5针的小球针。下一行按照图表所示织5针上针并1针，这样制作小球的5针就恢复成原来的1针。

聚拢针法（在5针上完成）

5针下针并1针，针目不要从左棒针上滑下，挂线再次编织5针下针并1针，这次也不滑针，挂线再次编织5针下针并1针，然后将5针全部从棒针上滑下。

提示

除了中间织片上的第1行第1针织下针，后面每一行的第1针都将毛线置于前面，按上针方向滑针。

谢尔维亚皇后披肩中间织片

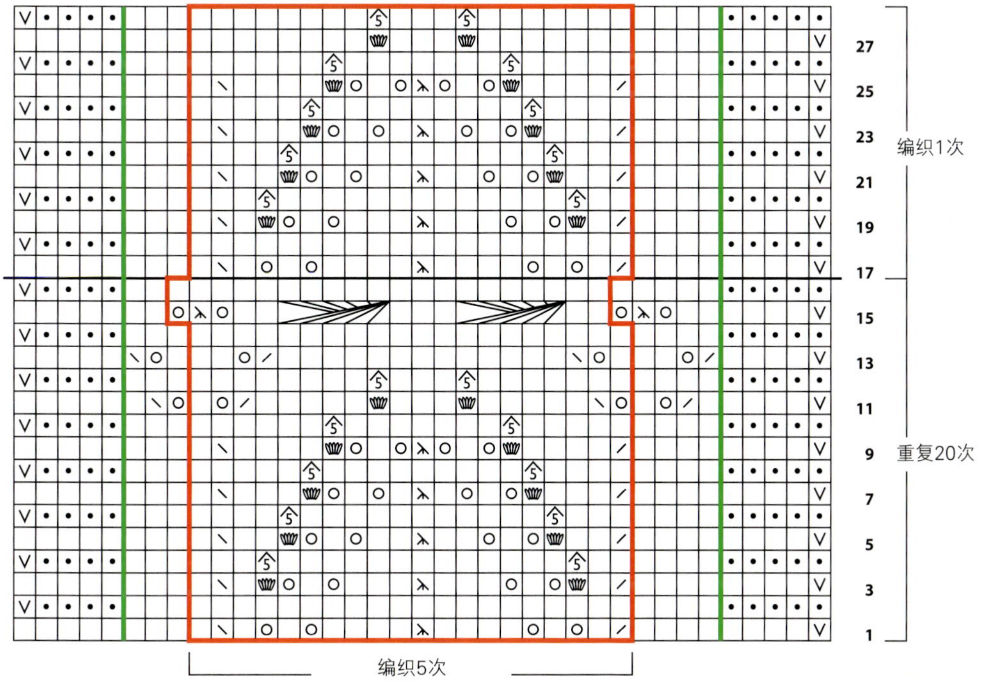

谢尔维亚皇后披肩蕾丝饰边

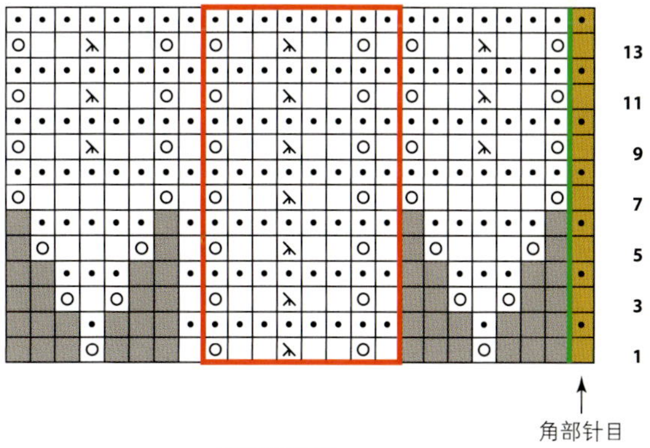

- 正面织下针，反面织上针
- 正面织上针，反面织下针
- 挂线
- 左上2针并1针
- 右上2针并1针
- 右上3针并1针
- 5针的小球针（见针法说明）
- 5针上针并1针
- 滑针(见说明)
- 饰边角部针目
- 无针目
- 图案重复
- 记号圈位置
- 聚拢针目（见针法说明）

长方形中间织片

用临时起针的另线和钩针钩130针锁针（见第37页），最后1针钩完后在线头上打一个结，这样可以很容易找出来，用棒针和编织毛线，沿锁针背面从靠中间的117个针上挑织117针下针，织8行起伏针。第1行的第1针织下针，之后每一行的第1针滑针（见说明部分），重复谢尔维亚皇后披肩中间织片的1~16行20次，在前5针之后和后5针之前放置记号圈，按之前的方法将每一行的第1针滑针，记号圈外面剩下的针目织起伏针，第17~28行按照图表织一次，一共有332行，像之前那样将每一行的第1针滑针，织8行下针，最后一行为反面行，将针目留在棒针上，不要将毛线剪断。

蕾丝饰边

用环形针，将织片正面朝上，织1针下针（角部的1针），将不同颜色的一个记号圈置于此处表示这里是这一圈的开始，下针织到这一行结束，同时均匀地加13针，共130针。正面依然朝上，从左边上挑织1针下针（角部的1针），放置一个记号圈，然后再沿剩余的边缘挑起针目，共257针下针（见第38页），沿左边共挑起258针，从打结的地方开始，小心去除废旧毛线编织的锁针，将拆开的针目穿在一根棒针上，从起针边处共117针。将织片正面朝上，用环形针，按下列针法从起针边开始编织：1针下针（角部的1针），放置记号圈，下针织到结束。同时均匀地加13针，从起针边处共130针。将织片正面朝上，从右边挑织1针下针（角部的针目），放置1个记号圈，然后沿着剩余的边缘挑织257针下针，共776针，其中上边和下边分别为130针，两个侧边分别为258针，每个记号圈前面的1针都是角部针目。编织谢尔维亚皇后披肩时，从每个角部针目开始进行侧边的编织（以金色标出），按下列针法编织谢尔维亚皇后披肩蕾丝饰边的第1圈：*1针下针（短边的角部针目），滑过记号圈，挂线，编织标出的8针编织图案，重复16次，1针下针，挂线，1针下针（长边的角部针目），滑过记号圈，挂线，编织标出的8针编织图案，重复32次，1针下针，挂线；从*处重复1次，来编织披肩剩余的两个侧边，4个角部针目两侧各加1针，第2~14圈按照图表编织，第7圈完成后是832针：上下边为144针，每个侧边为272针，再加进另一股线，用两股线以2针下针并1针的方法（见第27页）松松地收针。

收尾

用中性洗涤剂和温水轻柔地手洗，钉好的披肩尺寸约为66cm宽、152.5cm长，将每个蕾丝饰边的尖端（挂线、织1针下针、挂线）钉好，当披肩晾干后，收进线头。

树叶图案三角形披肩

我在爱沙尼亚时曾买过一件三角形披肩，无论是穿正装还是休闲装，它都能围绕在我的肩头，给我些许温暖。这里所织的披肩的灵感正是对以前这个披肩的改良，这个披肩是传统的满片叶子图案的三角形。编织是从三角尖部开始，先起几针，然后在侧边逐渐加针编织，直到上边缘得到想要的宽度。蕾丝饰边的针目从三角披肩的三个边挑起，并环形由内向外编织，形成扇形的饰边。饰边的图案是一种比较现代的经典图案，全下针间隔一圈进行编织形成一种平针的背景。

成品尺寸

上边缘宽约132cm、上边缘中心到最下边尖端长约81.5cm

所用毛线

蕾丝毛线（0号蕾丝）

此处所用毛线为哈布纺织毛线 100% A-169天然染色开司米2/24（100%开司米，171米重14.2克）：14号土杏色，3团（所剩无几）

棒针

美制2号（2.75mm），饰边用美制3号（3.25mm）；80cm长的环形针。为使织物达到标准密度，可适当调整棒针的型号

其他

记号圈（M号，两个颜色一样，一个其他颜色）、毛线缝针

密度

定型前，5cm×5cm面积内：小号针平针编织12针，18行。定型后约11.5cm宽，15cm长，中间树叶图案（横向和纵向都是3个团）24针，48行

说明

- 在织围巾的三角形部分时，将毛线前置，每一行的第1针朝上针方向滑针。
- 在编织叶片中心时，重复第17～32行针法时需要加足够的针目数，以便可以多重复编织2次8针的图案。例如，在编织第1个17～32行时，只可重复1次8针的图案。因为每个正面行会加2针；或者说每16行加16针，所以每次编织第17～32行时就会有足够的针目数可以重复编织2次8针图案。然后在下一次编织第17～32行时，可以重复编织3次8针图案。之后在下一次编织第17～32行针法时，可以重复编织5次8针图案。以此类推，在第13次，也是最后一次重复编织第17～32行时，可以有足够的针目数重复编织25次8针图案。图表中第33～40行的针法也可重复25次。

三角织片

用小号棒针和指定的起针方法（见第23页），起3针，编织1~32行叶子图案（见第53页讲解，开始编织），共37针，重复第17~32行针法12次（见说明），共229针，编织第33~40行针法1次，共237针，按图表完成了232行，按下列针法再织6行：

第1行：（正面）滑1针、织2针下针、挂线、织1针下针、*挂线、2针下针并1针；从*处重复至倒数第3针、挂线、织3针下针，共239针。

第2行：滑1针、织2针下针、上针织到倒数第3针、织3针下针。

第3行和第5行：滑1针、织2针下针、挂线、下针织到倒数第3针、挂线、织3针下针，第5行完成后共243针。

第4行和第6行：滑1针、下针织到末尾，从开始共238行，在没有定型之前，从中间直着向上量，从起针处织片约长为67.5cm。

将针目留在棒针上，不要剪断毛线。

蕾丝饰边

用环形针，将织片正面朝上，沿披肩上端下针织243

树叶蕾丝饰边

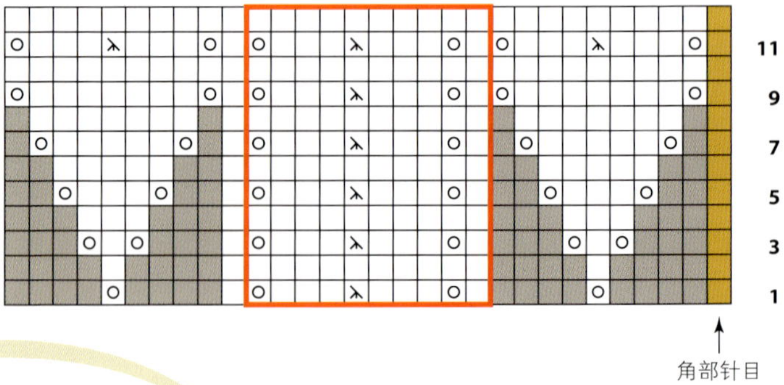

- 正面织下针，反面织上针
- 正面织上针，反面织下针
- 挂线
- 在同一针目中先织下针，再织扭针
- 右上2针并1针
- 右上3针并1针
- 滑针（见说明）
- 饰边角部针目，每一圈都织下针
- 无针目
- 图案重复

针，同时均匀地加9针，共252针。放置记号圈（两个同色记号圈中的一个），沿三角织片的一条边向下面尖部（每个滑针缝边上约2针，见第38页）的缝边挑织242针下针，放置记号圈（两个同色记号圈中的另一个），再沿三角织片的另一条边挑针上针织242针，放置记号圈（不同色的记号圈）来标示出一圈的开始，共736针。每个记号圈之后的第1针是角部针目。

编织叶子蕾丝饰边时，从三角织片每个边的角部针目（以金色标出）开始，按照下列针法编织叶子饰边的第1圈，定好图案：织1针下针（角部针目）、挂线、编织标出的10针重复图案25次，织1针下针、挂线；*滑过记号圈，织1针下针（角部针目）、挂线，编织标出的10针重复图案24次，织1针下针、挂线；从*处重复1次，这样三个边上的每一个角部针目都加了1针，编织图表中的第2~12圈，共790针：第一部分上边缘270针，每个边上分别为260针，加入一根毛线，以双股线用下针2针并1针的方法（见第27页）收针。

收尾

用中性洗涤剂和温水轻柔地手洗，钉好的披肩尺寸可根据自己的喜好决定，将每个蕾丝饰边的尖端（挂线、织1针下针、挂线）钉好，当披肩晾干后，织进线头。

树叶图案

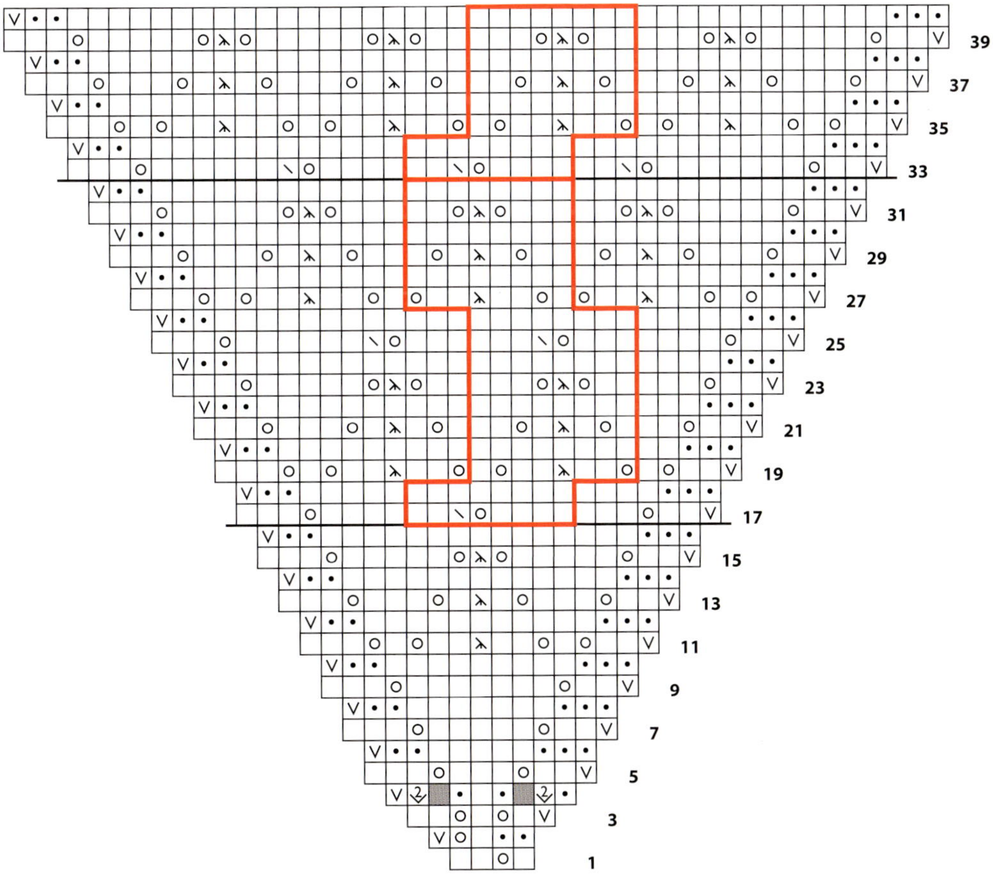

树叶图案编织说明
1～18行

第1行： 1针下针，挂线，2针下针，共4针。
第2行： 1针滑针，挂线，1针上针，2针下针，共5针。
第3行： 1针滑针，（1针下针，挂线）2次，2针下针，共7针。
第4行： 1针滑针，在同一针目里先织下针，再织扭针（k1f&b），1针下针，1针上针，1针下针，k1f&b，1针下针，共9针。
第5行： 1针滑针，下针2针，（挂线，3针上针）2次，共11针。
第6、8、10、12、14和16行： 1针滑针，2针下针，上针织到倒数第3针，3针下针。
第7行： 1针滑针，2针下针，挂线， 5针下针，挂线，3针下针，共13针。
第9行： 1针滑针，2针下针，挂线，7针下针，挂线，3针下针，共15针。
第11行： 1针滑针，2针下针，挂线，1针下针，挂线，2针下针，右上3针并1针，2针下针，挂线，1针下针，挂线， 3针下针，共17针。
第13行： 1针滑针，2针下针，挂线，3针下针，挂线，1针下针，右上3针并1针，1针下针，（挂线，3针下针）2次，共19针。
第15行： 1针滑针，2针下针，挂线，5针下针，挂线，右上3针并1针，挂线，5针下针，挂线，3针下针，共21针。
第17行： 1针滑针，2针下针，挂线，7针下针，挂线，右上2针并1针，6针下针，挂线，3针下针，共23针。
第18行： 1针滑针，2针下针， 17针上针，3针下针。

孔雀尾和叶子图案围巾

这种设计的灵感来自爱沙尼亚国家博物馆收藏的披肩，这款披肩是纯羊毛织品，由福丽达·特尔荻（1911—1997）编织。1991年由加拿大多伦多的爱沙尼亚人之家转赠给该博物馆。福丽达移民至加拿大后，热衷于参加多伦多的民族社团活动，这种设计是爱沙尼亚传统蕾丝编织在国外延续的明证。在围巾短边上的扇形蕾丝饰边与主织片被起伏针织的条状花纹和镂空花样分开，长边上有起伏针织的条状花纹，在定型时被外拉形成均匀的扇形边。

成品尺寸

定型后约38cm宽，124.5cm长

所用毛线

细绒线（1号超细）

此处所用毛线为蕾丝毛线（100%羊毛，每50克长480米）：柳绿色，1团

棒针

美制3号（3.25mm），为使织物达到标准密度，可适当调整棒针的型号

其他

记号圈、防脱别针、毛线缝针

密度

定型前，5cm×5cm面积内：平针编织11针，20行。定型后中间孔雀图案约12cm宽、14cm长，编织24针、40行（宽边重复两个花样，长边重复四个花样）

说明

- 围巾是从下边缘开始编织，与中间织片为1个整体，上部边缘是分开编织的，这样使上边缘的编织方向与下边缘吻合，然后这两个织片再用无缝拼接法连接在一起。
- 编织上边缘时可用1个移动记号圈或防脱别针标出织片的正面，以便将两个织片的正面拼接在一起。
- 在起针时用双股线，然后用单股线编织围巾。

针法说明

7针的小球针

松松地编织，在同一针目里织“1针下针、挂线”3次，1针下针——由此形成1针放7针的小球针。下一行按照图表所示织7针上针并1针，这样制作小球的7针就恢复成原来的1针。

围巾编织

下边缘

用双股线以特定的针法（见第23页）起81针，将其中的一股线剪断，用剩下的一股线编织，织2行下针。第1~12行按照编织图织孔雀饰边。织4行下针，最后一行均匀减去10针，剩下71针。网眼行：（正面）织1针下针，*挂线、2针下针并1针；从*处重复至末尾。反面行织1行下针。

中间部分

按照编织图重复编织1~10行孔雀图案32次，前5针后和后5针前均放置1个记号圈，每一行的第1针将毛线置于前面，按上针方向滑针，两个记号圈之外的剩余

孔雀图案中间织片

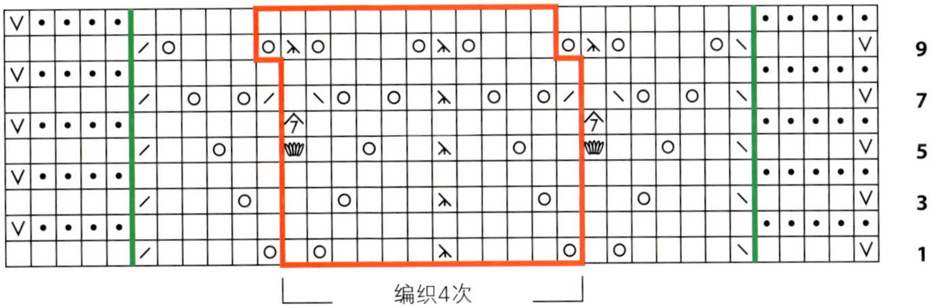

孔雀图案饰边

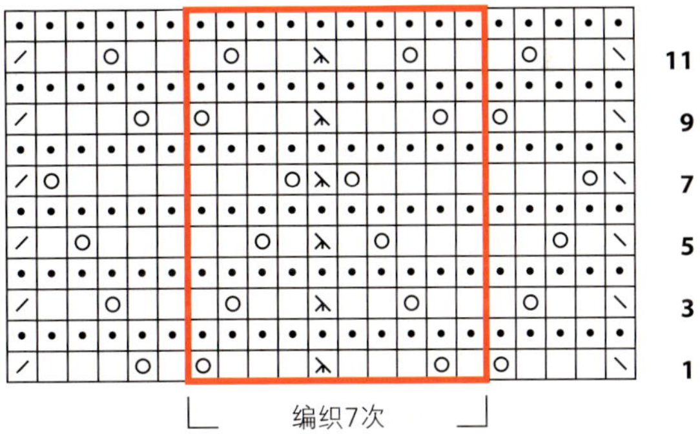

- 正面织下针，反面织上针
- 正面织上针，反面织下针
- 挂线
- 左上2针并1针
- 右上2针并1针
- 右上3针并1针
- 7针的小球针（见针法说明）
- 7针上针并1针
- 滑针（见说明）
- 图案重复
- 记号圈位置

针目织起伏针。织2行下针。网眼针行：（正面）1针下针，*挂线、2针下针并1针、从*处重复至末尾。织3行下针，最后一行均匀地加10针，最后以反面行结束，共81针。剪断毛线，留出30.5cm的线头。将针目穿在防脱别针上，如果有多余的棒针用来编织上边缘，也可将这81针留在棒针上，放置一旁。

上边缘

用双股线以特定的针法（见第23页）起81针，将其中的一股线剪断，用剩下的一股编织，织2行下针。第1~12行按照编织图织孔雀饰边，如果需要可以用可移除的记号圈或防脱别针标出正面（见说明），以反面行结束，剪断毛线，留出30.5cm长的线头。

将中间织片与上边缘缝合在一起

如果需要，可以将防脱别针上的针目穿回棒针上，织物正面朝上，针尖向右，将中间织片和上边缘并在一起，正面朝外，反面相对，两根针的针尖都朝右。将线团上的毛线穿进毛线缝针，用无缝拼接法（见第39页）将两个织片拼接在一起，可根据织片的松紧度调整缝合针目的松紧度。将缝接线剪断，将线头织入织片，留出5cm长的线头，以便后来整形修剪之用。

收尾

用中性洗涤剂和温水轻柔地手洗，再将披肩定在最终尺寸的定型框上，将上下两边缘每一个织出的尖钉好（右上3针并1针），两个侧边每隔7.5cm向外钉好，形成图片所示的扇形效果。披肩晾干后，将其表面松松的线头和接缝的线头织进去。

乐和方形披肩

编织这样的正方形披肩，我想用一款非常传统的边缘图案，我决定使用1972年纽约的爱沙尼亚妇女联合会出版的《哈普萨鲁编织》（*Haapsalu Ratik*）中的一款图案。这种边缘叫作乐和树叶图案1（Lehemustriline Poort I），也可以称作树叶图案边缘1。我依然选择自然的主题，在披肩中间织片上满织树叶图案。这个图案来自克莱尔·哈莉克编纂的《希尔姆斯·库度买恩》（*Silmus Kudumine*）一书，而披肩的蕾丝饰边是一款较现代的图案，我选择沿披肩的四边挑针然后向外编织。我所选择的蕾丝饰边是如今众多爱沙尼亚出品的披肩或围巾上常用的一种图案。

成品尺寸

定型后，106.5cm×106.5cm

所用毛线

手工编织毛线（超细）

此处所用毛线为2股蕾丝毛线（100%羊毛，每25克169米长）：1号A原白色，6团

棒针

美制5号（3.75mm）棒针和80cm或更长的环形针，可根据需要调整针号，以保证织物达到标准密度。

其他

临时起针的另线、记号圈（m号，4个同色的，1个不同色的），G/6号（4.25mm）钩针、毛线缝针

密度

定型前，5cm×5cm面积内：平针编织11.5针，16行。定型后，乐和披肩上下边缘图表的16针重复花样宽约11cm；定型后，乐和披肩中间图表的树叶花样20针、32行（高和宽均为两个重复花样），宽约12cm，高约11.5cm

说明

- 披肩主体织片是从下边缘向上边缘编织的一个整片。
- 蕾丝饰边的针目是从中间正方形织片的四边挑起的，然后向外编织。
- 将毛线前置，上针方向将每一行的第1针滑针，但主体织片的第1行的第1针除外，这一针织下针。

中间正方形织片

用另线和钩针起150针锁针（见第37页），最后1针结束后在毛线上打1个结，以便后面辨认。用棒针和披肩线，在锁针背面靠中间的141个凸起上挑织141针下针。织10行起伏针，第1行的第1针织下针，后面每一行的第1针都滑针（见说明），最后以反面行结束。**下一行：**（正面）滑1针、下针织到最后，前5针后面和最后5针前面放置同色的记号圈。

下一行：（反面）滑1针、4针下针、上针织到倒数第5针、5针下针。按下列针法在下一行正面行开始编织乐和披肩上下边缘图表：按之前的方法继续编织记号圈之前5针，中间的131针编织图表第1行，记号圈之后5针继续编织起伏针。继续编织记号圈外面的饰边针目，编织图表中的第2~28行。下一个正面行按如下方法从饰边编织到织片主体：前5针继续按之前的方法编织，接下来19针编织乐和披肩侧边图表第1行，放置1个记号圈，接下来93针编织乐和披肩中间图表第1行，放置1个记号圈，接下来19针编织乐和披肩侧边图表第1行，最后5针继续按之前的方法编织。接下来，边缘部分编织侧边图表第2~28行1次，然后编织第1~28行5次；中间部分编织中间图表第2~12行1次，然后编织第13~28行9次，然后编织第29~40行1次——从乐和披肩侧边和中间图表开始算起共编织168行。换织乐和披肩上下边缘图表，两侧的5针继续按之前的方法编织，中间131针编织图表第1~28行。

下一行：（正面）滑1针、下针织到最后。**下一行：**（反面）滑1针、下针4针、上针织到还剩5针。每一行的第1针按之前的方法滑针，编织10行起伏针，最后以反面行结束。

蕾丝饰边

用环形针，将织片正面朝上，织1针下针（角部针目），将不同色的记号圈别好以标示出每一行的开始，下针织到结束。在编织的过程中均匀地加41针，共182针。正面依然朝上，从左缝边挑织1针下针（见第38页，角部针目），放置记号圈，然后沿剩下的缝边挑针下针织181针（每两个饰边滑针针目织3针）——左边的缝边上共挑182针。从打结的一端开始，小心拆去另线编织的锁针，将每个活扣针目在拆开的过程中都穿在一根棒针上——从起针边算起共141针。正面朝上，以环针按下列针法从起针边开始编织——下针1针（角部针目）、放置记号圈、下针织到结束、编织过程中均匀地加41针——从起针边共182针，依然正面朝上，从右边缘挑织下针（角部针目）、放置记号圈，然后沿剩下的缝边挑针编织181针——共728针：每个边上182针，每个记号圈前面的那一针都是角部针目。在编织蕾丝饰边时，从每个角部针目（以金色标出）开始编织。按下列针法编织乐和披肩蕾丝饰边，第1圈：*下针织1针（角部针目）、滑过记号圈、挂线、编织标示出的10针图案，重复18次，下针织1针、挂线，从*处重复3次，编织出剩余的3个饰边——4个角部，每个角部两侧各加1针，编织图表里的第2～16圈——第9圈结束时共800针：每边为200针，加入一股线，用两股线以下针2针并1针收针法（见第27页）松松地平收所有针目。

收尾

用柔和洗涤剂和温水轻柔地手洗，将披肩拉好定型，外缘为112cm见方，将蕾丝饰边上的每一个尖（挂线、织1针下针、挂线）钉好。定型后的成品尺寸约为106.5cm见方。晾干后将线头织进披肩。

乐和蕾丝饰边

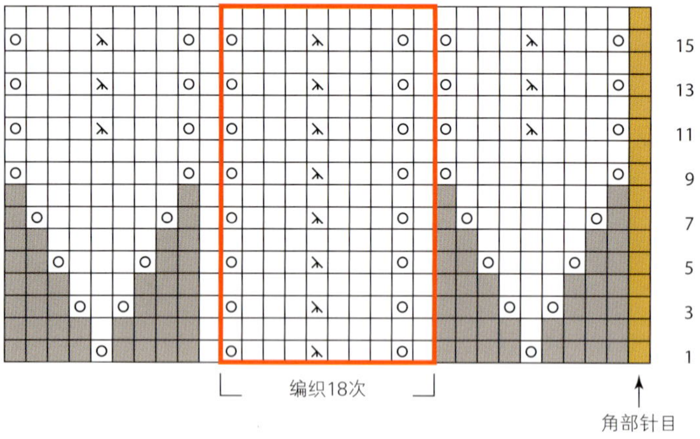

乐和披肩侧边

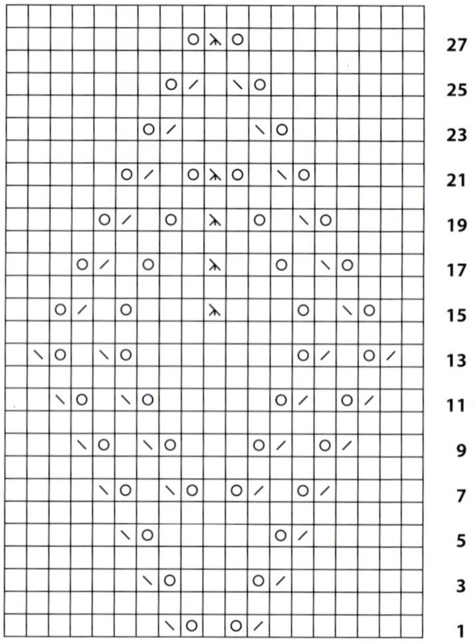

乐和披肩上下边

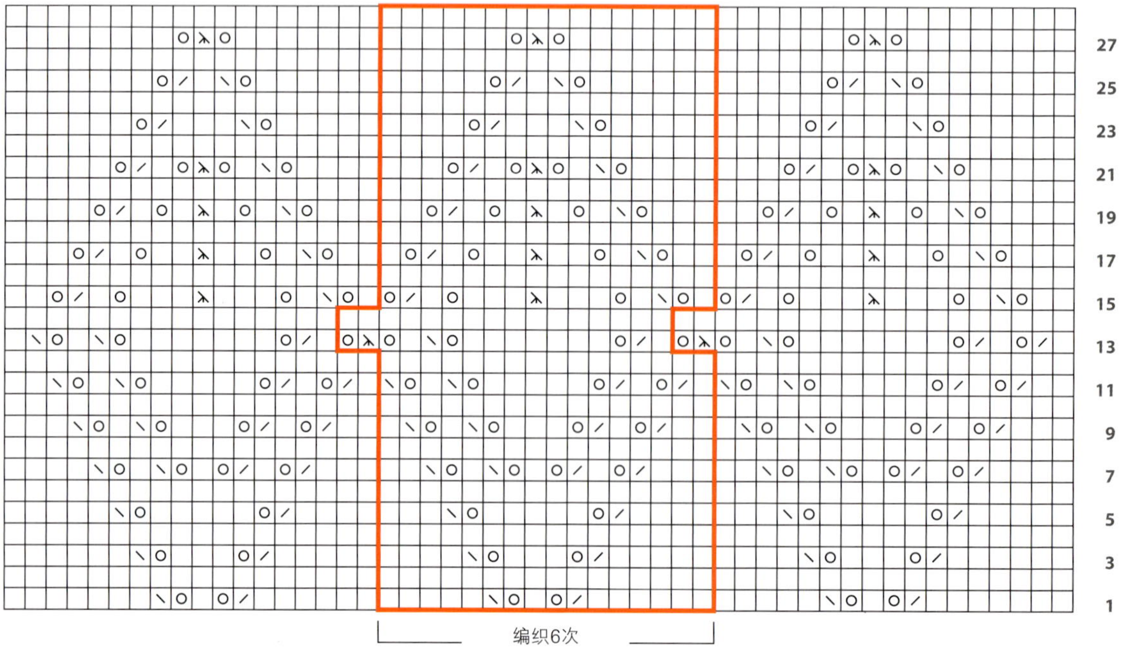

乐和披肩中间

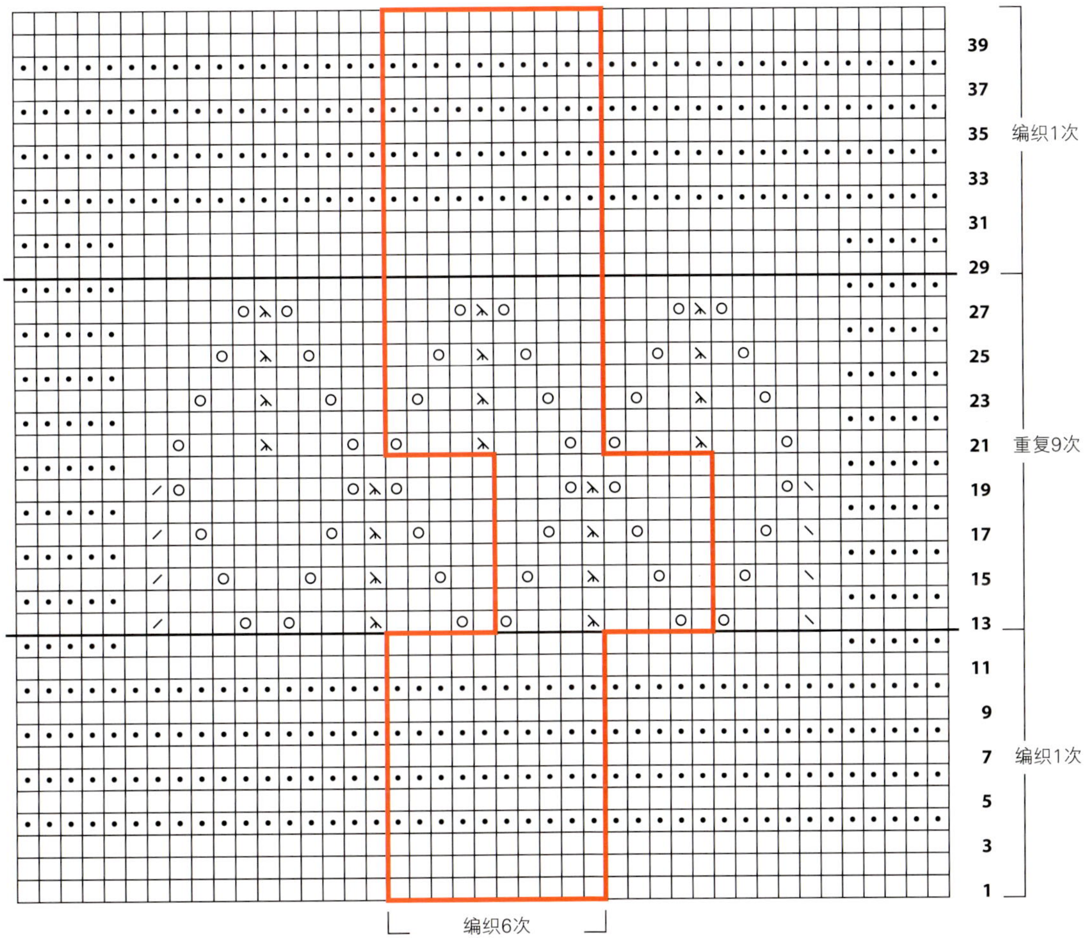

□ 正面织下针，反面织上针

· 正面织上针，反面织下针

○ 挂线

/ 左上2针并1针

\ 右上2针并1针

⋏ 右上3针并1针

饰边角部针目

无针目

图案重复

拉哈围巾

我是从我的编辑兼好友安·巴德那里得到编织这一围巾的灵感的。她说围巾的宽度以一个图案为标准编织出来一定很有趣，当我看到这个图案时，我立刻明白用它编织这个围巾再合适不过了。拉哈绮丽也叫钱币图案，是一种非常古老的哈普萨鲁图案，在我找到的文学文本中曾经提到过。这个图案由哈普萨鲁的编织女传授给我，她们认为这就是拉哈花样。不管如何，从树叶和百合花花样中抽身片刻也挺有意思。

成品尺寸

定型后，宽约14cm，长约134.5cm

所用毛线

手工编织毛线（1号超细）

此处所用毛线为45%麝牛毛 / 45%美利奴羊毛 / 10%细丝线（45%麝牛毛，45%美利奴羊毛，10%丝线，每28.5克长201米）：DL-SUF100土黄色，1团

棒针

美制4号（3.5mm），可根据需要调整针号，以保证织物达到标准密度

其他

记号圈、毛线缝针

密度

定型前，5cm×5cm面积内：全平针编织13针16行。定型后，拉哈图案中间织片为21针1个图案（不包括起伏针饰边的针目），约11cm宽

围巾

用规定的棒针起针法（见第23页）起29针。将毛线前置，按上针方向将每一行的第1针滑针，织5行起伏针，开始和结束都是正面行。

下一行：（反面）滑1针、织3针下针、放置1个记号圈、织21针下针、放置1个记号圈、织4针下针。和之前一样，每一行的第1针滑针，织拉哈披肩图案第1~6行一次，然后再编织第7~38行11次，之后编织第39~65行1次，共385行。和之前一样每一行第1针滑针，织6行起伏针，最后以正面行结束，将织片反面朝上，以2针下针并1针的方法（见第27页）松松地收针。

收尾

用柔和洗涤剂和温水轻轻地手洗，将围巾钉好（也可使用定型线），约18cm宽、142cm长，定型后的成品尺寸约为14cm宽、134.5cm长。晾干后将线头织进披肩。

拉哈围巾图案

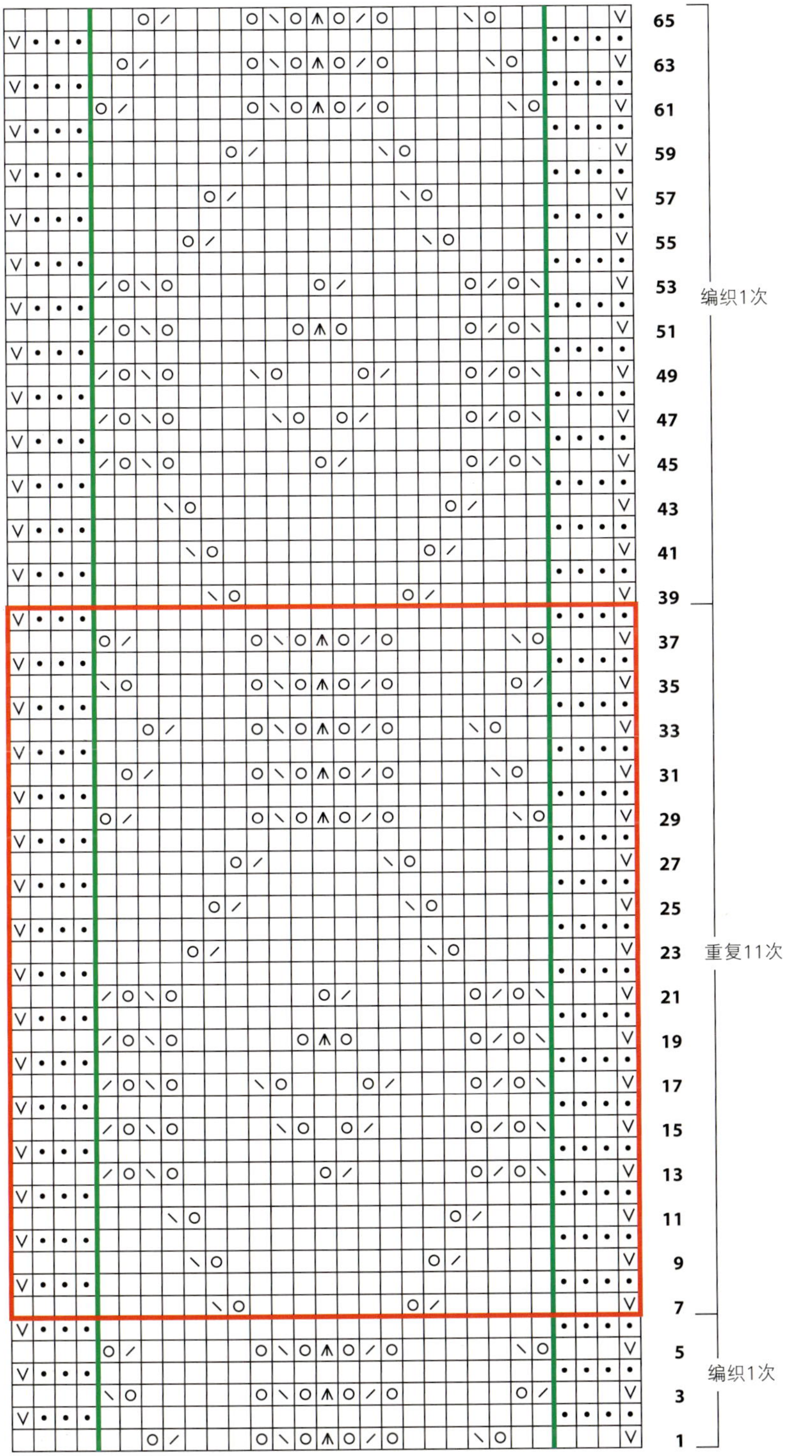

□ 正面织下针，反面织上针

· 正面织上针，反面织下针

/ 左上2针并1针

\ 右上2针并1针

○ 挂线

V 滑针（见说明）

∧ 中上3针并1针

图案重复

记号圈位置

树叶与小球图案披肩

这款惹人喜爱的披肩灵感来源于塔尔图爱沙尼亚国家博物馆的珍藏。披肩的图案是由起伏针所织出的条状饰以小球和双叶图案组成的，上下边缘是镂空“之”字图案，极具装饰效果。开始编织时，可用钩针钩锁针临时起边，然后从下往上编织披肩。蕾丝饰边从四边挑针以更现代的花纹编织上去，我用的图案与缝上披肩的蕾丝饰边花纹相似，重新调整使其在角部结合得更漂亮，蕾丝饰边的背景是起伏针（每一个偶数圈都织上针），以这样的方法来模仿许多传统的披肩式样。

成品尺寸

定型后约56cm宽，152.5cm长

所需毛线

手工编织毛线（1号超细）

此处所用毛线为蕾丝毛线（100%羊毛，每50克长480米）：沙色（灰褐色），1团

棒针

美制3号（3.25mm）：棒针和60cm的环针，织边缘时可用更长的环形针，可根据需要调整针号，以保证织物达到标准密度

其他

临行起针的另线、记号圈（3个同色的，1个不同色的）、4.25mm钩针、毛线缝针

密度

定型前，5cm×5cm面积内：平针编织9针14行；定型后，树叶和小球中间织片图表22针20行（高和宽均为1个重复花样），宽约12cm，高约8.5cm

针法说明

7针的小球针

松松地编织，在同一针目里织“1针下针、挂线”3次，1针下针——由此形成1针放7针的小球针。下一行按照图表所示织7针上针并1针，这样制作小球的7针就恢复成原来的1针。

说明

- 披肩的中间织片是由下边缘往上边缘整体编织的，而蕾丝饰边的针目是从完成的长方形织片的四周挑针后向外编织的。
- 毛线置于前面，以上针方向将每一行的第1针滑针，但中间织片的第1行第1针除外，这一针要织下针。

披肩的编织

中间织片

用另线钩85针锁针（见第37页），在最后1针锁针用毛线头上打个结以便辨认。用棒针和披肩线从锁针背面靠中间的凸起上挑织75针下针。织6行起伏针，第1行的第1针织下针，但后面的每一行的第1针都滑针（见说明），以反面行结束。编织树叶和小球针边缘图案第1~25行，在前4针之后和后4针之前分别放置1个同色记号圈，最后以正面行结束。**下一行：**（反面）滑1针、3针下针、上针织到倒数第4针，4针下针。**下面3行：**织下针，每一行的第1针滑针，开始和结束都在正面行。**下一行：**（反面）滑1针、下针织到最后。将记号圈调整到前8针之后和后8针之前，换到树叶和小球针图案的中间部分，编织第1~8行针目1次，再编织第9~28行针目14次，然后编织第29~39行针目1次，最后以正面行结束，完成图表中299行。**下面4行：**织下针、每一行的第1针滑针；将记号圈调整到第1行的前4针之后和后4针之前，以正面行结束。**下一行：**（反面）滑1针、3针下针、上针织到倒数第4针，4针下针。编织树叶和小球针边缘图表中的第1~25行，以正面行结束。**下面5行：**织下针、每一行的第1针滑针，以反面行结束，从起针处共370行，不要断线。

蕾丝饰边

将织片正面朝上，用环形针织1针下针（角部针目），放置1个不同色的记号圈标示出一圈的开始，下针织到结束，均匀地加7针，共82针。正面依旧朝上，从左缝边上挑针织1针下针（角部针目），放置记号圈，然后继续沿缝边挑针（见第38页），挑针273针（饰边上每滑2针织约3针），左缝边共挑274针。从打结的一端开始小心拆去另线锁针，与此同时将拆开的针目穿在一根棒针上，从起针边共75针。正面朝上以环针按下列针法沿起针边编织：1针下针（角部针目）、放置记号圈、下针织到结束，编织的过程中均匀地加7针，起针边上共82针。正面依旧朝上，沿右边缘挑针织1针下针（角部针目），放置1个记号圈，继续沿边缘挑273针下针，共712针：上边和下边分别为82针，两个侧边分别为274针，每个记号圈前面的1针就是角部针目。织1圈上针，遇到记号圈就直接滑过。

说明：编织边缘时，从图表里每条边的角部针目开始（以金色标出）。

按下列针法编织树叶与小球针蕾丝饰边图案的第1圈：*1针下针（短边上的角部针目）、滑过记号圈、挂线、1针下针、编织标示出的8针图案，重复9次；挂线、右上2针并1针、3针下针、左上2针并1针、挂线、1针下针、挂线、1针下针（长边上的角部针目）、滑过记号圈、挂线、1针下针、编织标示出的8针图案，重复33次；挂线、右上2针并1针、3针下针、左上2针并1针、挂线、1针下针、挂线。从*处重复1次，编织披肩剩余的两边，共加了8针，即4个角部针目两侧各加1针，编织图表中第2~9圈，第5圈结束时共736针，上下两边分别为88针，两个侧边分别为280针，织1圈上针，再织1圈下针，加入另一股毛线，用双股线以2针下针并1针的方法（见第27页）收针。

收尾

用柔和洗涤剂和温水轻轻地手洗，将披肩按成品尺寸外拉，沿饰边的每一个尖端（挂线、1针下针、挂线）将围巾钉好，晾干后将线头织进披肩。

树叶与小球蕾丝饰边

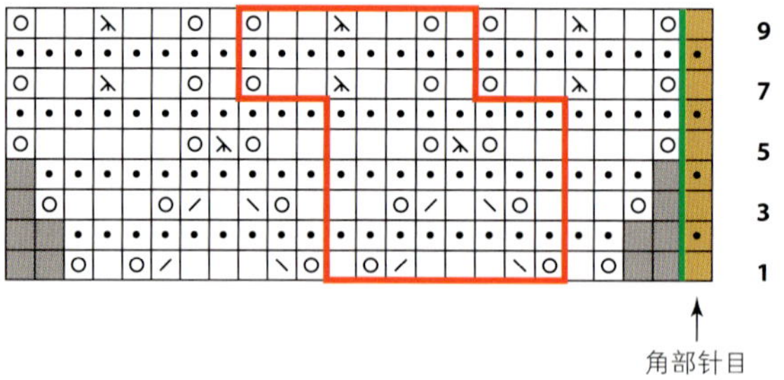

树叶与小球边缘

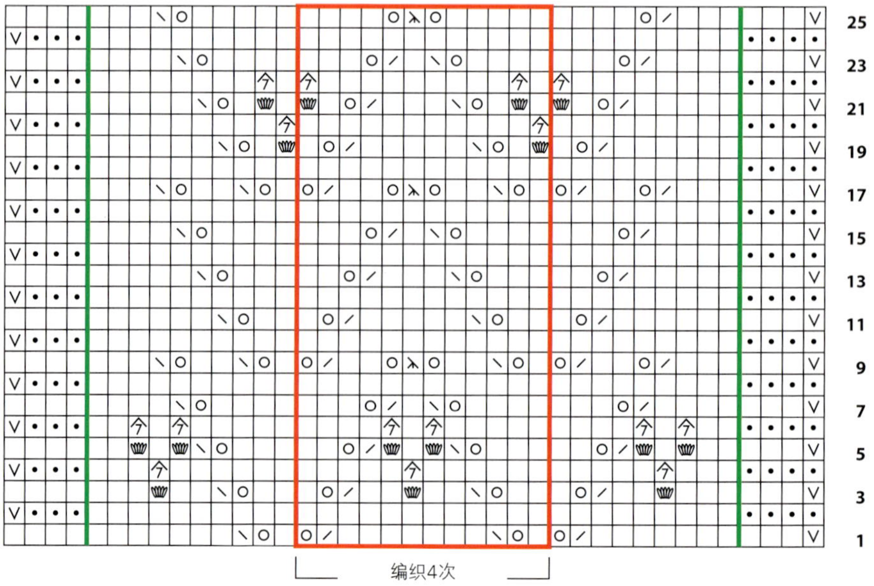

- 正面织下针，反面织上针
- 正面织上针，反面织下针
- 挂线
- 左上2针并1针
- 右上2针并1针
- 左上3针并1针
- 右上3针并1针
- 7针的小球针（见针法说明）
- 7针上针并1针
- 滑针（见说明）
- 饰边角部针目
- 无针目
- 图案重复
- 记号圈位置

树叶与小球图案披肩中间织片

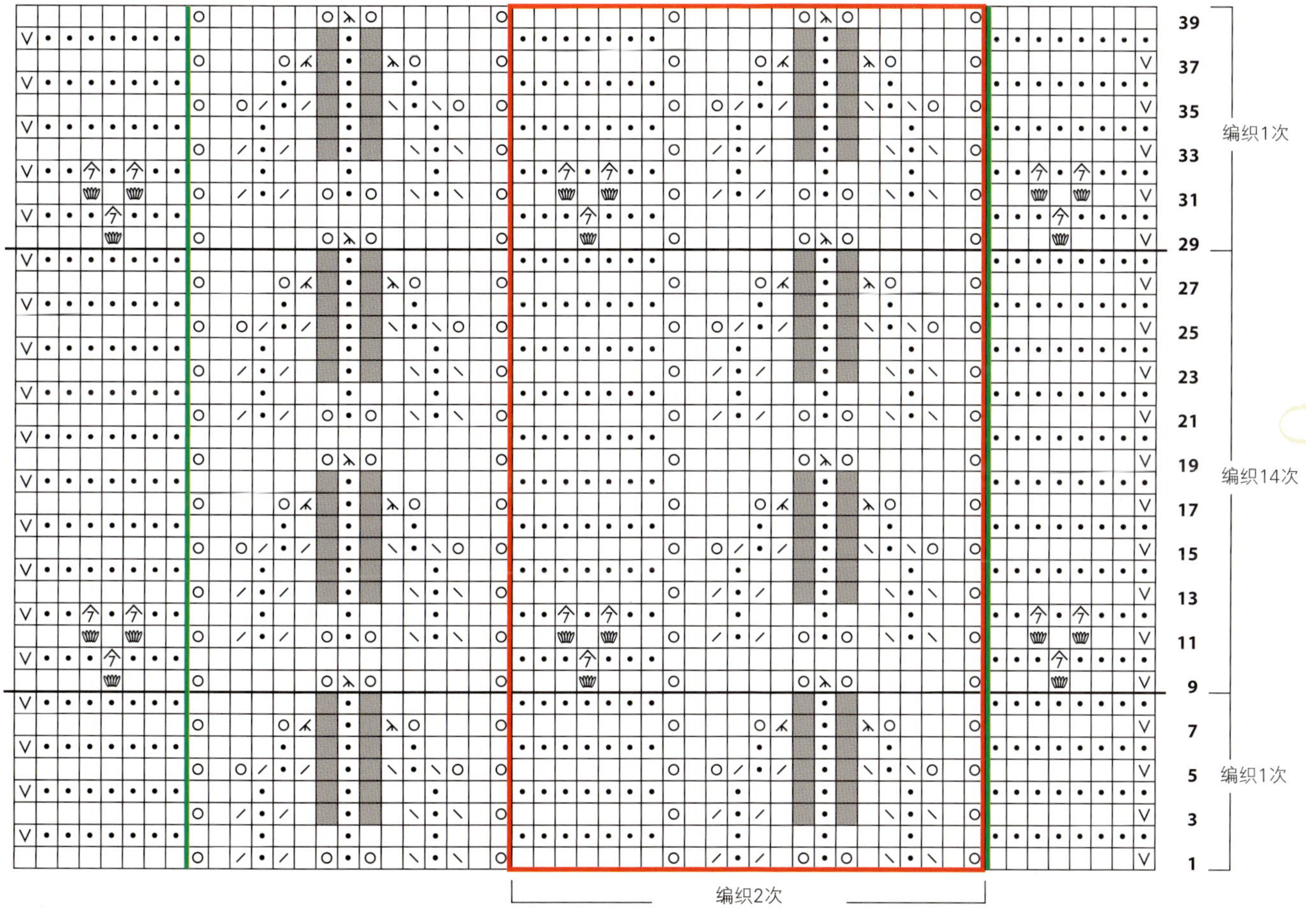

梅克尔披肩

这种披肩是以传统的哈普萨鲁制作工艺完成的。披肩中间部分起针后编织到想要的长度，然后将针目从织片反面收针。蕾丝饰边分两片编织，然后分别缝接在披肩织片上。我从哈普萨鲁购买过一款披肩并以这款披肩为灵感进行编织，在多次造访哈普萨鲁的过程中，我学习到了这种传统编织工艺的细节。

成品尺寸

定型后，约63.5cm宽，117cm长

所用毛线

蕾丝毛线（0号蕾丝）

此处所用毛线为美利奴毛线（100%羊毛，每100克1250米长）：028号原白色，1团

棒针

披肩中间织片：美制3号（3.25mm）棒针

蕾丝饰边：美制4号（3. 5mm）棒针

蕾丝边缘起针：美制5号（3.7mm）棒针，可根据需要调整针号，以保证织物达到标准密度

其他

记号圈、防脱别针、毛线缝针

密度

定型前，5cm×5cm面积内：用最小号针平针编织10针19行，以最小号棒针编织；定型后，中间织片图案为28针，13.5cm宽

针法说明

7针的小球针制作法

松松地编织，在同一针目里织“1针下针、挂线”3次，1针下针——由此形成1针放7针的小球针。下一行按照图表所示织7针上针并1针，这样制作小球的7针就恢复成原来的1针。

扭针（2针）

织扭针下针2针并1针，但不要将2针的线圈从左针上滑针；将棒针插入2个针目第1针中，织下针，然后将2针从左针上滑下。

说明

- 披肩中间织片是完整的一片，而蕾丝饰边则是两片相同的织片，织好后缝接在中间织片上。
- 蕾丝饰边用双股线起针，然后使用单股线编织蕾丝饰边。
- 中间织片第13～24行所有正面行两侧扭针数不同：这些行的开始有两组扭针，但在结束时则只有一组。

披肩中间织片

用中号棒针和单股毛线，以下针起针法（见第23页）起121针。换成最小号的棒针，织6行下针——形成3行起伏针凸起。第1~24行按照梅克尔披肩中间织片的图案编织，重复12次，在前4针之后和后4针之前放置记号圈，毛线置于前方，上针方向将每一行的第1针滑针，两个记号圈之外的所有针目织起伏针，按图表共织288行。再织7行下针，开始和结束都为正面行。织片反面朝上，用单股线以2针下针并1针的方法（见第27页）收针，将织片放置一边。

蕾丝饰边（制作2片）

用双股线和大号棒针起361针，将一股线剪断，换成中号棒针，用单股线编织。用防脱别针或记号圈标示出织片的正面。织2行下针，第1~8行按照梅克尔披肩蕾丝饰边图表编织（边缘针目不要滑针）。正面行织下针，用2针下针并1针的方法收针，以相同的方法再织一片相同的蕾丝饰边。

将蕾丝饰边缝在中间织片上

将中间织片与一片蕾丝饰边织片正面相对，中间织片对着自己。将线团上的毛线穿入毛线缝针，开始从中间织片的左下角缝起（起针行的左边），按下列方法将两片缝在一起（见第30页）：将穿线的针从后往前穿入蕾丝饰边的前3个线圈，再从前往后穿入中间织片的第1个线圈，重复这种3：1的缝合法2次（一共3次），蕾丝饰边上的9针和中间织片上的3针就缝在了一起。然后，从蕾丝饰边上挑起2针再从中间织片上挑起1针缝在一起，重复这种2：1的缝合法2次（一共3次）。沿披肩侧边重复以下缝制法［蕾丝饰边上1个线圈和中间织片上1个线圈（1：1），重复2次；然后是蕾丝饰边上2个线圈和中间织片上1个线圈（2：1），编织1次］，即按1：1、1：1、2：1——直到角部的扇形中心之前剩下15针，同时中间织片下一个角部之前剩下的6针。然后从蕾丝饰边上挑起2针，再从中间织片上挑起1针缝在一起，重复这种2：1的缝合法3次，再从蕾丝饰边上挑起3针、从中间织片上挑起1针缝在一起，重复这种3：1的缝合法3次。

注意：在缝合过程中也许要进行稍许调整（可以沿蕾丝饰边多挑几针或少挑几针；两个织片上都不要漏针，否则会形成小洞），这样才在缝合结束的时候刚好在蕾丝的扇形中间和中间织片的角部里。继续沿披肩的上沿按照下列针法缝合：重复3：1针法3次，然后是2：1针法3次，之后为1：1、1：1、2：1针法，直到角部的扇形中心之前剩下15针，中间织片的角部前剩下6针，然后再以2：1缝3次，3：1缝3次，在角部处结束，以同样的方法将另一个蕾丝饰边缝在剩下的两个边上，从侧边开始在披肩的下边结束，可以用中间织片上的线头或单独的一根线将两个蕾丝饰边的角部缝在一起，检查一下，确保没有褶皱，缝边上不是太紧，然后再将线剪断。

收尾

用柔和洗涤剂和温水轻轻地手洗，将披肩按所需的尺寸钉好，沿蕾丝饰边的每一个尖（右上3针并1针）钉在定型框上，晾干后将松的线头织进披肩。

梅克尔披肩中间织片

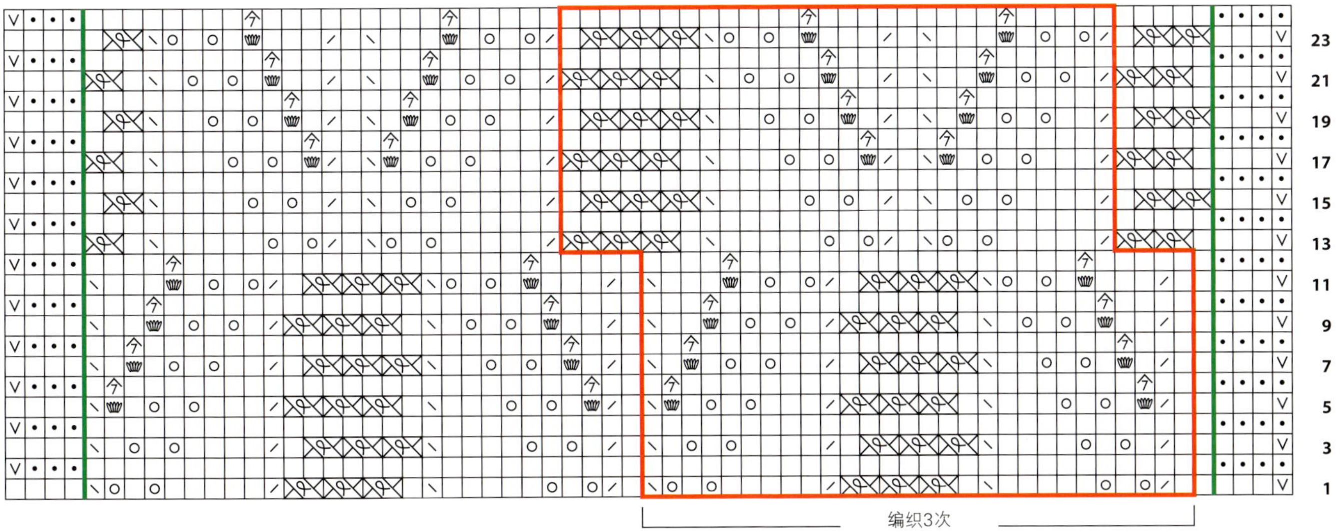

- □ 正面织下针，反面织上针
- · 正面织上针，反面织下针
- ○ 挂线
- ╱ 左上2针并1针
- ╲ 右上2针并1针
- 右上3针并1针
- 7针的小球针（见针法说明）
- 7针上针并1针
- V 滑针
- 扭针（见针法说明）
- 图案重复
- 记号圈位置

梅克尔披肩蕾丝饰边

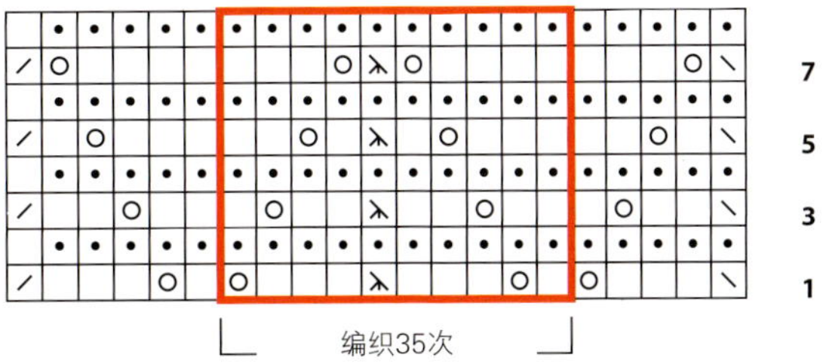

麦德丽披肩

编织这款披肩时使用的毛线比2004年出版的《交织》（*Interweave Knits*）杂志原版披肩所用的毛线更细。这款披肩以麦德丽·普韦尔的名字命名，她是《黎明的象征》（*Symbol of Dawn*）一书的作者。该书是19世纪受人爱戴的爱沙尼亚诗人莉迪亚·可依杜拉的生平传记。在我撰写这本书时，麦德丽给了我宝贵的支持和珍贵的友谊，这款披肩的主织片图案是哈佳（短枝或小枝）的一种，我在这种图案上加了小球以增强披肩的质感。

成品尺寸

定型后，约35.5cm宽，约142cm长

所用毛线

蕾丝毛线（0号蕾丝）

此处所用毛线为毛线（95%羊毛、5%开司米）：每百克1262米长，13号浅粉色，1团

所需棒针

美制4号（3.5mm）棒针，可根据需要调整针号，以保证织物达到标准密度

其他

记号圈、防脱别针、毛线缝针

密度

定型前，5cm×5cm面积内：全平针15针21行；定型后，36针48行（宽边重复图案3次，长边重复4次），麦德丽披肩中间织片图案为14cm宽、15cm长

针法说明

7针的小球针

松松地编织，在同一针目里织“1针下针、挂线”3次，1针下针——由此形成1针放7针的小球针。下一行按照图表所示织7针上针并1针，这样制作小球的7针就恢复成原来的1针。

> **说明**
>
> - 披肩下部蕾丝饰边和中间织片为整体一片，从下边开始编织。为使上部与下部的蕾丝饰边编织方向吻合，上部的蕾丝饰边分开编织。然后用无缝拼接法将两片缝合在一起。
> - 用双股线起针，然后用单股线编织披肩。

下部的蕾丝饰边

用双股线以特定的方法起101针（见第23页），然后将其中一股线剪断，用另一股继续编织。织2行下针，1~26行按照图表中麦德丽披肩蕾丝饰边编织，将毛线前置，以上针方向将每一行的第1针滑针，编织7行下针，最后以正面行结束。**下一行：**（反面）织下针，在前4针之后和最后4针之前各加1针，共103针。

中间织片

第1~12行按照麦德丽中间织片编织，共重复31次，在前5针之后和最后5针之前分别放置1个记号圈，每一行第1针将毛线前置，以上针方向滑针，在两个记号圈外面的针目织起伏针，织5行下针。**下一行：**（反面）织下针，前4针之后和后4针之前各减去1针，织到侧边的记号圈时可以将其去除，剩下101针。剪断毛线，留出30.5cm长的线头，将针目挪到防脱别针上，如果你还有一副棒针编织上部边缘，也可将针目留在棒针上置于一旁。

上部蕾丝饰边

用双股线以特定的方法起101针，然后将其中一股剪断，用另一股编织。织2行下针，第1~25行按照图表中麦德丽披肩蕾丝饰边编织，将毛线前置，以上针方向将每一行的第1针滑针；先不编织第26行。反面织1行下针，剪断毛线，留出一根1.8m长的线头。

将披肩中间织片与上部蕾丝饰边缝合在一起

如果有必要，可以将防脱别针上的针目换在棒针上，正面朝上，针尖向右。将中间织片和上部蕾丝饰边反面相对，两根棒针的针尖都向右。将上部蕾丝饰边上的线头穿进毛线缝针，用无缝拼接法（见第39页）将2片织片缝合在一起，适当调整针目的松紧以适应织物的松紧度。剪断缝合线将线头织进织物，留出5cm线头以便定型后修剪。

收尾

用柔和洗涤剂和温水轻轻地手洗，将披肩按所需的尺寸钉好，尺寸约43cm宽、约162.5cm长，沿蕾丝饰边的每一个尖（右上2针并1针、织1针下针、左上2针并1针）钉在定型框上，成品尺寸约为35.5cm宽、142cm长，晾干后将缝合线头修剪得与披肩表面一样平整。

麦德丽披肩中间织片

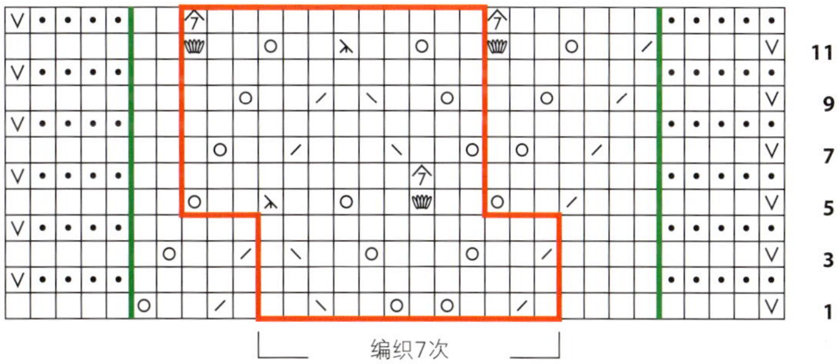

麦德丽披肩蕾丝饰边

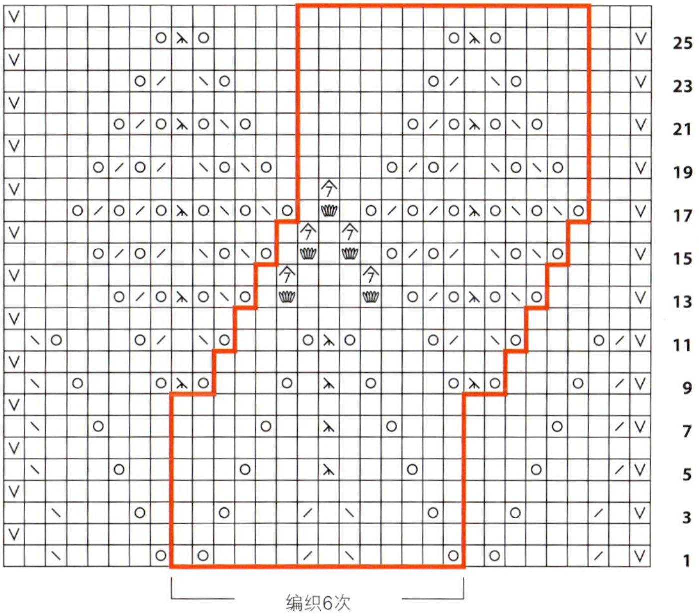

- □ 正面织下针，反面织上针
- · 正面织上针，反面织下针
- ○ 挂线
- ╱ 左上2针并1针
- ╲ 右上2针并1针
- 人 右上3针并1针
- 7针的小球针（见针法说明）
- 7针上针并1针
- V 滑针（见说明）
- 图案重复
- 记号圈位置

夏季三角披肩

这款披肩的设计者是海尔薇·波斯卡，它出现在第121期《图瑞努》（*Triinu*）杂志中，于1983年夏季出版，同时也出现在由爱沙尼亚民族社团1986年出版的杂志里。海尔薇允许我在本书中使用。三角披肩的原本编法应该是从起针行向尖部编织，均匀减针；这款披肩是在每一正面行的两端减针，在披肩长度一半时再改为在每一行的两端减针，以形成三角形的两侧边。我对原来的图案进行了修改，在上部蕾丝饰边后面加了几行起伏针，每个侧边还加了起伏针的饰边。我还在需要缝到下部侧边上的蕾丝饰边上多加了几针，使三个角更加圆润。

成品尺寸

定型后，上边缘约142cm宽，上边缘中间到最下部尖端约61cm长

所用毛线

蕾丝毛线（0号蕾丝）

此处所用毛线为蕾丝毛线（100%羊毛）：每50克480米长，原白色，2团

所需棒针

美制4号（3.5mm）棒针，60cm长环形针，可根据需要调整针号，以保证织物达到标准密度

其他

记号圈、可防脱别针、毛线缝针

密度

定型前，5cm×5cm面积内：平针编织11.5针22行；定型后，夏季三角披肩中心织片30针（2次重复的15针图案），为16cm宽

针法说明

7针的小球针

松松地编织，在同一针目里织“1针下针、挂线”3次，1针下针——由此形成1针放7针的小球针。下一行按照图表所示织7针上针并1针，这样制作小球的7针就恢复成原来的1针。

说明

- 披肩从上边缘蕾丝边（长边）开始编织。披肩中间部分两侧短边均有4针起伏针边缘饰边。两侧短边的蕾丝饰边单独编织，披肩完成后缝合在一起。
- 编织披肩中间部分时，在每个正面行的4针起伏针内侧各减1针，直到第59行。从第60行开始，每一行都减1针，直到第138行。

中间织片

上部蕾丝饰边

以双股线起251针（见第23页），然后将其中一股线剪断，用另一股编织。织2行下针。第1~11行按照夏季披肩蕾丝饰边图表编织，将毛线前置，上针方向将每一行的第1针滑针，织2行下针，以正面行结束编织。**下一行：**（反面）滑1针，下针织到最后，同时均匀地减14针，剩下237针。再将每一行第1针滑针，织2行下针，以反面行结束编织。

中间织片

按照夏季三角披肩中间织片图表1编织第1~64行，在前4针之后和后4针之前各放置1个记号圈，每一行的第1针滑针，2个记号圈之外的针目织起伏针（见说明），剩下167针。棒针两端的4针维持之前的织法，第65~96行按照夏季披肩中间织片图表2编织，剩下103针。棒针两端的4针维持之前的织法。

第97~128行：按照夏季三角披肩中间织片图表3编织，剩下39针，按下列说明继续编织。

第129行：（正面）滑1针，3针下针，右上2针并1针，下针织到倒数第6针，左上2针并1针，4针下针——减去2针。

第130行：滑1针，3针下针，2针上针并1针，上针织到倒数第6针，滑1针，1针上针，将滑针越过上针，4针下针——减去2针。

第131~135行：重复第129行和130行针法2次，再编织第129行针法1次，剩下25针。

第136行：（反面）滑1针，3针下针，右上2针并1针，下针织到倒数第6针，左上2针并1针，4针下针——减去2针。

第137行：滑1针，3针下针，右上2针并1针，下针织到倒数第6针、左上2针并1针、4针下针——减去2针。

第138行：重复第136行针法，剩下19针。

第139行：滑1针、下针织到最后。

用单股线，以2针下针并1针松松地将所有的针目收针（见第27页）。

蕾丝饰边（制作1片）

以双股线起271针，然后将其中一股线剪断，用另一股编织。织2行下针（蕾丝饰边上的第1针不滑针）。在织片的正面放置1个记号圈或别上1个防脱别针，按照夏季三角披肩蕾丝饰边图表编织第1~11行。织2行下针，以正面行结束。用单股线，以2针下针并1针松松地将所有的针目收针。

将蕾丝饰边与中间织片缝合

2个织片的正面朝上，将蕾丝饰边均匀地铺在中间织片的四周，使蕾丝饰边的中心点和中间织片的19针平收的中心点对齐，同时将蕾丝两侧的中心点和上部蕾丝饰边两侧对齐，形成一个整体。将中间织片和蕾丝饰边正面相对重叠，中间织片在上。将毛线团上的一根单股线穿在毛线缝针上，按下列方法将蕾丝饰边与中间织片缝在一起（见第30页）：从上部蕾丝往侧边下面缝，从蕾丝饰边上挑1针，从中间织片上挑1针（1：1），缝1次；从蕾丝饰边上挑2针，从中间织片上挑1针（2：1），缝1次，重复这样的缝合方式直到尖端的19针平收起始处。从蕾丝饰边上挑3针，从中间织片上挑1针（3：1），缝19次；继续以这种方法缝合另一侧，以1：1和2：1的方法或交替缝合直到顶部转角。用线头或单独的一根线，将蕾丝饰边的两端缝合在一起，检查缝边有没有褶皱或太紧的地方后再将线头剪断。

收尾

用柔和洗涤剂和温水轻轻地手洗，将披肩按所需的尺寸钉好，上边为162.5cm，从上边中心到下边尖部为61cm，沿蕾丝饰边的每一个尖（右上3针并1针）钉在定型框上，定型后成品尺寸的上边宽约142cm。晾干后将线头织进披肩。

- 正面织下针，反面织上针
- 正面织上针，反面织下针
- 挂线
- 正面左上2针并1针；反面上针并收
- 正面右上2针并1针；反面上针右上2针并1针（滑1针，1针上针，滑针压上针）
- 右上3针并1针
- 7针的小球针（见针法说明）
- 7针上针并1针
- 滑针
- 无针目
- 图案重复

夏季三角披肩蕾丝饰边

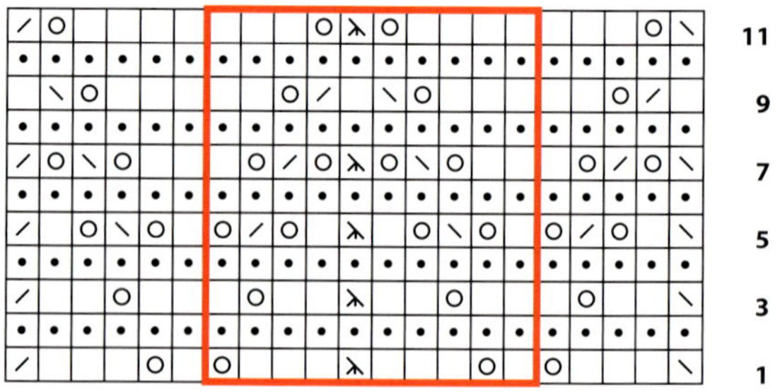

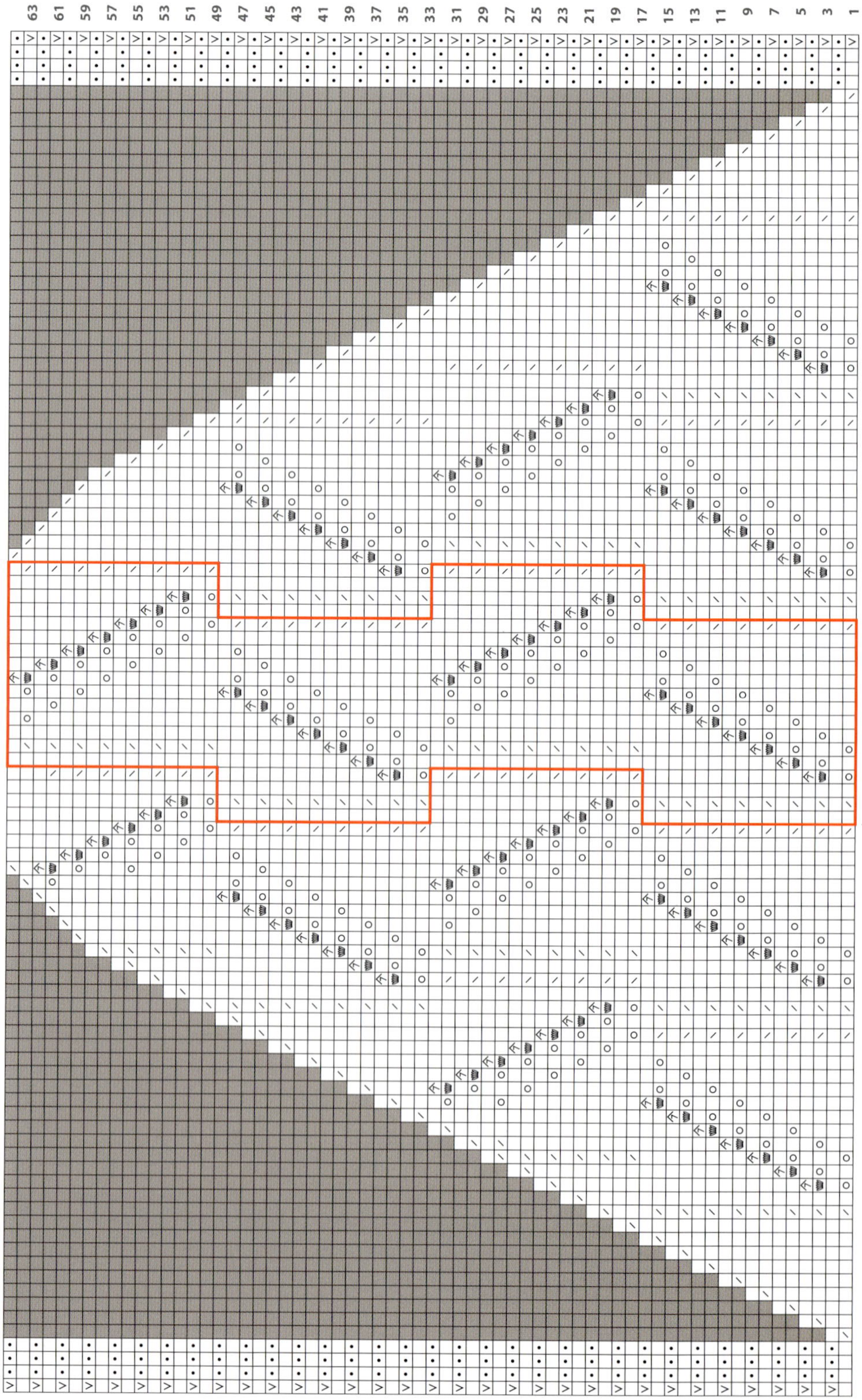

夏季三角披肩中间织片1

- □ 正面织下针，反面织上针
- · 正面织上针，反面织下针
- ○ 挂线
- ⟋ 正面左上2针并1针；反面上针并收
- ⟍ 正面右上2针并1针；反面上针右上2针并1针（滑1针，1针上针，滑针压上针）
- ⋏ 右上3针并1针
- 7针的小球针（见针法说明）
- 7针上针并1针
- V 滑针
- ■ 无针目
- 🟧 图案重复

如需要可将图表放大

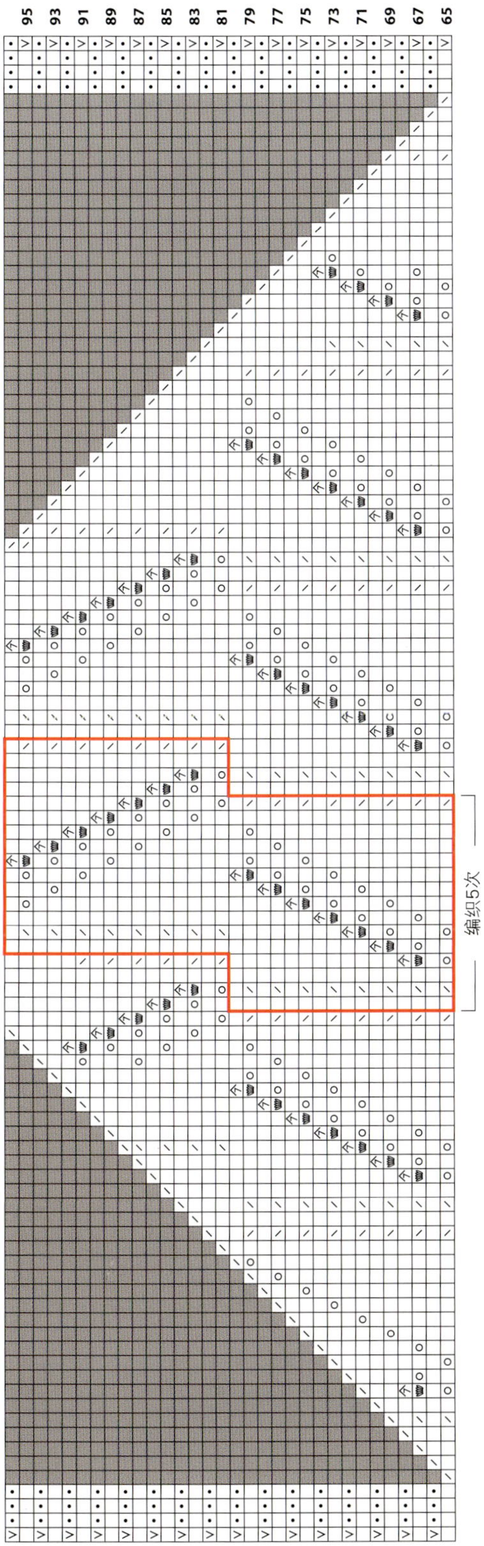

夏季三角披肩中间织片2

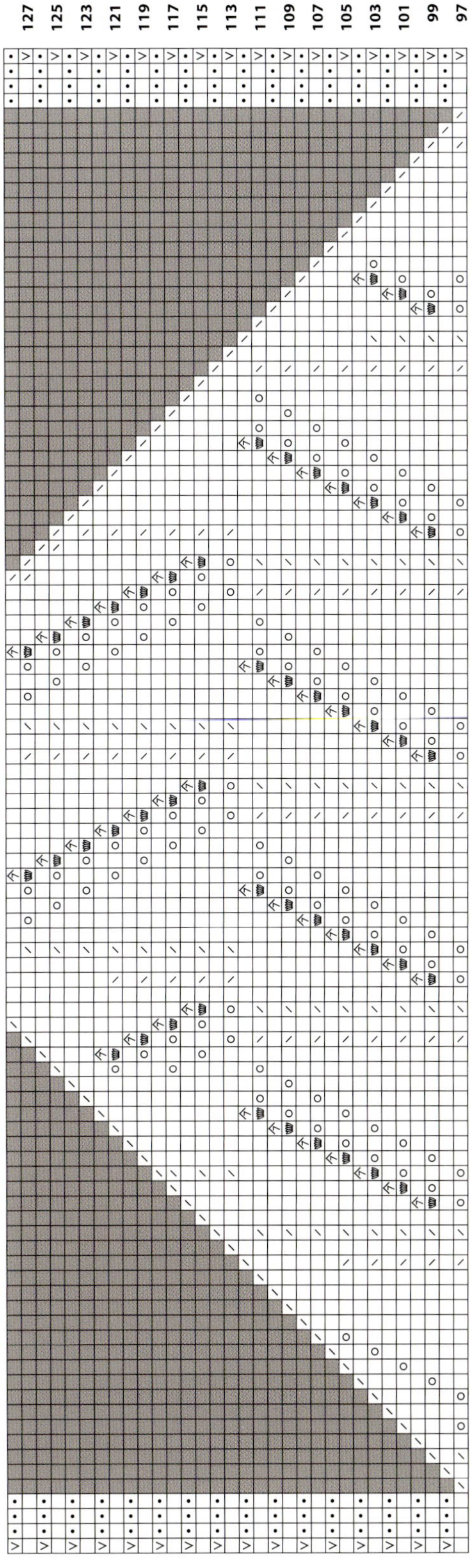

夏季三角披肩中间织片3

山谷百合围巾

这种柔软、编织起来趣味无穷的围巾的图案是另一款三角形披肩的改版，这款三角形披肩出现在1988年秋出版的第142期《图瑞努》杂志上。那篇文章由萨尔姆·普斯撰写，她是旅居澳大利亚的爱沙尼亚人。这款围巾中间的图案是大家熟悉的山谷百合，夹杂其他花朵图案，其中包括镂空叶子和花枝。围巾两端有扇形的蕾丝边，饰边用起伏针和网眼与主织片分开，两侧边编织有窄窄的起伏针边，防止围巾卷边。

成品尺寸

定型后，约25.5cm宽，约112cm长

所用毛线

细毛线（1号超细）

此处所用毛线为双股羊绒线（100%羊绒）：每56.7克366米长，天然棕色，1团（见说明）

棒针

美制3号（3.25mm）针，可根据需要调整针号，以保证织物达到标准密度

其他

记号圈、防脱别针、毛线缝针

密度

定型前，5cm×5cm面积内：平针编织10针18行；定型后，20针为1个百合和小花图案，约9cm宽

针法说明

5针的小球针

松松地编织，在同一针目里织“1针下针，挂线，1针下针，挂线，1针下针”——由此形成1针放5针的小球针。下一行按照图表所示织5针上针并1针，这样制作小球的5针就恢复成原来的1针。

说明

- 披肩从下部饰边到中间织片顶部为整体一片，进行编织，上部饰边分开编织，这样上下饰边的编织方法才能吻合，然后用无缝拼接法将两片缝合在一起。
- 起针时用双股线，然后用单股线编织披肩。
- 按照说明编织完围巾后，毛线会所剩不多。所以，如果想将围巾织得更长，需要多买一些线。

围巾编织

以双股线起63针（见第23页），剪掉多余的一股线，用另一股线编织。

下部蕾丝饰边

第1~21行按照图表中百合蕾丝饰边编织，除了第1行外，毛线前置，按上针方向将每一行的第1针滑针。**下一行：**（反面）滑1针、下针织到最后，同时均匀地减去5针，剩下58针。

中间织片

换到百合和小花中间图案，在前4针之后和后4针之前分别放置1个记号圈，每一行的第1针滑针，记号圈以外的针目织起伏针，重复图表中第1~28行9次，再织第1~14行1次，共完成266行。**下一行：**（正面）滑1针、下针直到结束，同时均匀地增加5针，剩下63针。每一行的第1针滑针，织3行下针。**下一行：**（正面）滑1针、*挂线，左上2针并1针，从*处重复到最后。**下一行：**（反面）滑1针、下针织到最后。剪断毛线留出30.5cm长的线头。将针目移到防脱别针上，如果你还有一副棒针可以编织上部蕾丝饰边，也可将针目保留在原棒针上，放置一边。

上部蕾丝饰边

以双股线起63针，剪下一股线，用剩下的一股线编织。第1~16行按照图表中百合蕾丝饰边编织，和编织下边缘一样除了第1行外，其余各行第1针滑针；不要编织第17~21行。剪断毛线，留出30.5cm的毛线。不编织任何一针，将所有针目都以上针方向滑针到一根空针上，针尖朝左，正面朝上。

将中间织片和上边蕾丝饰边缝合在一起

如果需要，可将防脱别针上的针目穿回到棒针上，正面朝上，针尖朝右；将中间织片和上部饰边并在一起，正面向外（反面相对），两根针尖朝右；将线团上的毛线穿进毛线缝针，用无缝拼接法（见第39页）将2个织片缝合在一起。可根据编织的松紧调整缝合的松紧度，剪断缝线，织入线头，留出5cm长的线头以便定型后修剪。

收尾

用柔和洗涤剂和温水轻轻地手洗，将披肩按所需的尺寸钉好，尺寸宽约30.5cm、长约91.5cm，沿蕾丝饰边的每一个尖（挂线，1针下针，挂线）钉在定型框上，成品尺寸为约25.5cm宽、约112cm长，晾干后修剪缝合线头。

百合和小花中间花纹

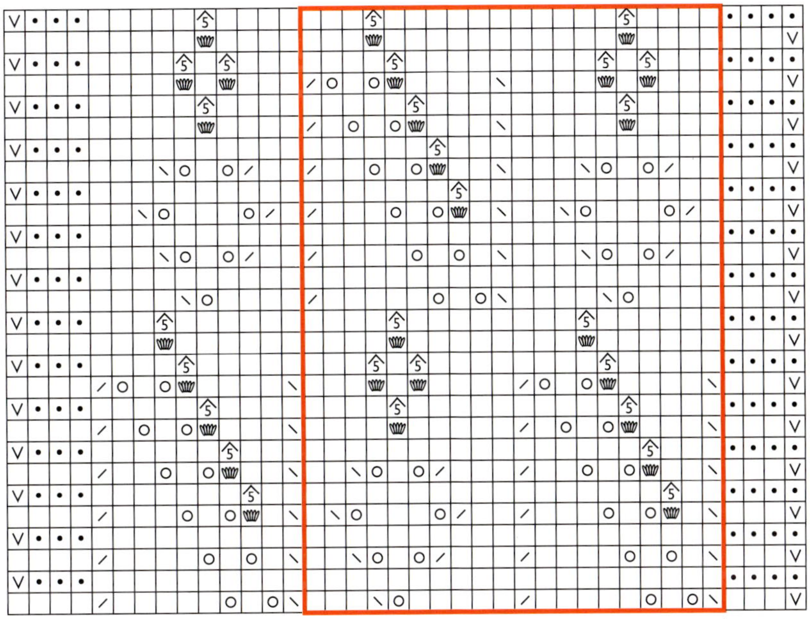

山谷百合围巾蕾丝饰边

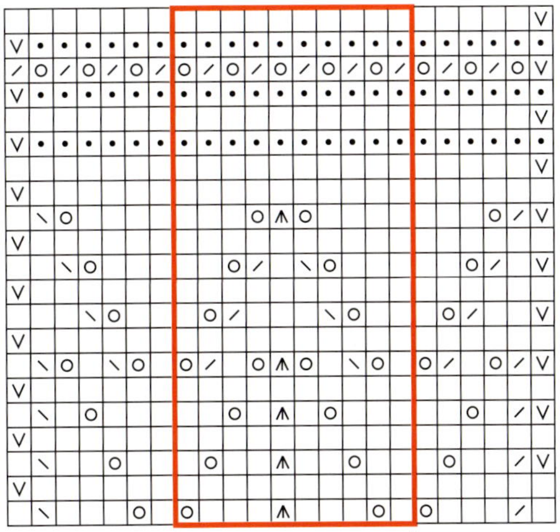

- □ 正面织下针，反面织上针
- ⊡ 正面织上针，反面织下针
- ○ 挂线
- ⟋ 左上2针并1针
- ⟍ 右上2针并1针
- ∧ 中上3针并1针
- 5针的小球针（见针法说明）
- 5针上针并1针
- V 滑针（见说明）
- 图案重复

丁香叶披肩

这款漂亮的披肩中间是一种既古老又流行的图案，它让我想起爱沙尼亚六月盛放的丁香花，同时也想起哈普萨鲁编织者使用的丁香木棒针。我是在《哈普萨鲁编织》这本书里找到这款起始处的蕾丝饰边，紧跟着是钻石形的边缘花样，中间织片上布满丁香叶图案，上下边对称，上边的饰边分开来织，然后缝上去，因此两个织片的编织方向相同，每个花样图案之间用起伏针明显隔开，披肩两侧的长边也用起伏针作为边饰。

成品尺寸

定型后，约51cm宽，约167.5cm长

所用毛线

细毛线（0号蕾丝）

此处所用毛线为蕾丝线（100%羊毛）：每50克480米长，原白色，1团

所需棒针

5号（3.75mm)棒针，可根据需要调整针号，以保证织物达到标准密度

其他

记号圈、防脱别针、毛线缝针

密度

定型前，5cm×5cm面积内：平针编织11针，17行；定型后，叶中间和饰边图表12针重复花样， 约6.5cm宽

针法说明

7针的小球针

松松地编织，在同一针目里织“1针下针、挂线”3次，1针下针——由此形成1针放7针的小球针。下一行按照图表所示织7针上针并1针，这样制作小球的7针就恢复成原来的1针。

> **说明**
>
> • 披肩中间从下边向中间织片上部为整体一片进行编织，上部的饰边分开编织，编织的方向与下边一致，然后用无缝拼接法将两片缝合在一起。
>
> • 起针时用双股线，然后用单股线编织披肩。

披肩的编织

下部蕾丝饰边、边缘和中间织片的编织

以双股线起95针（见第23页），然而剪断一股线，用剩下的一股线编织。织2行下针，第1~56行按照图表中的丁香叶蕾丝饰边和边缘编织。在前5针之后和后5针之前放置记号圈，除第1行外，其他行的第1针都毛线前置、上针方向滑针，记号圈外的针目织起伏针，转到丁香叶中间织片和边缘的图表，棒针两端的5针继续按之前的方法织，重复编织第1~20行针法14次，再编织第21~62行针法1次，以反面行结束，完成丁香叶中间织片和边缘的图表中的322行。从开始处共完成378行的编织。剪断毛线，留出30.5cm的线头，将针目穿在防脱别针上，如果你还有多余的一副棒针编织上部蕾丝饰边，也可将针目保留在棒针上。

上部蕾丝饰边

以双股线起95针，然后剪断一股线，用剩下的一股线编织。织2行下针，第1~32行按照图表中的丁香叶蕾丝饰边和边缘编织。在图表标示的地方放置记号圈，然后剪断毛线，留出30.5cm的线。不编织，将这些针目上针方向滑针到一根空针上，使针尖对着左边，织片正面朝上。

将中间织片和上部分蕾丝饰边缝合在一起

如果需要，可将防脱别针上的针目穿回到棒针上，正面朝上，针尖朝右，将中间织片和上部饰边并在一起，正面向外（反面相对），两根针朝右；将线团上的毛线穿进毛线缝针，用无缝拼接法（见第39页）将2个织片缝合在一起。可根据编织的松紧调整缝合的松紧度，剪断缝线，织入线头，留出5cm长的线头以便定型后修剪。

收尾

用柔和洗涤剂和温水轻轻地手洗，将披肩按所需的尺寸钉好，尺寸约56cm宽、约183cm长，沿蕾丝饰边的每一个尖（中上3针并1针）钉在定型框上，成品尺寸约为51cm宽、167.5cm长。晾干后，修剪缝合线头。

丁香叶披肩蕾丝饰边和边缘

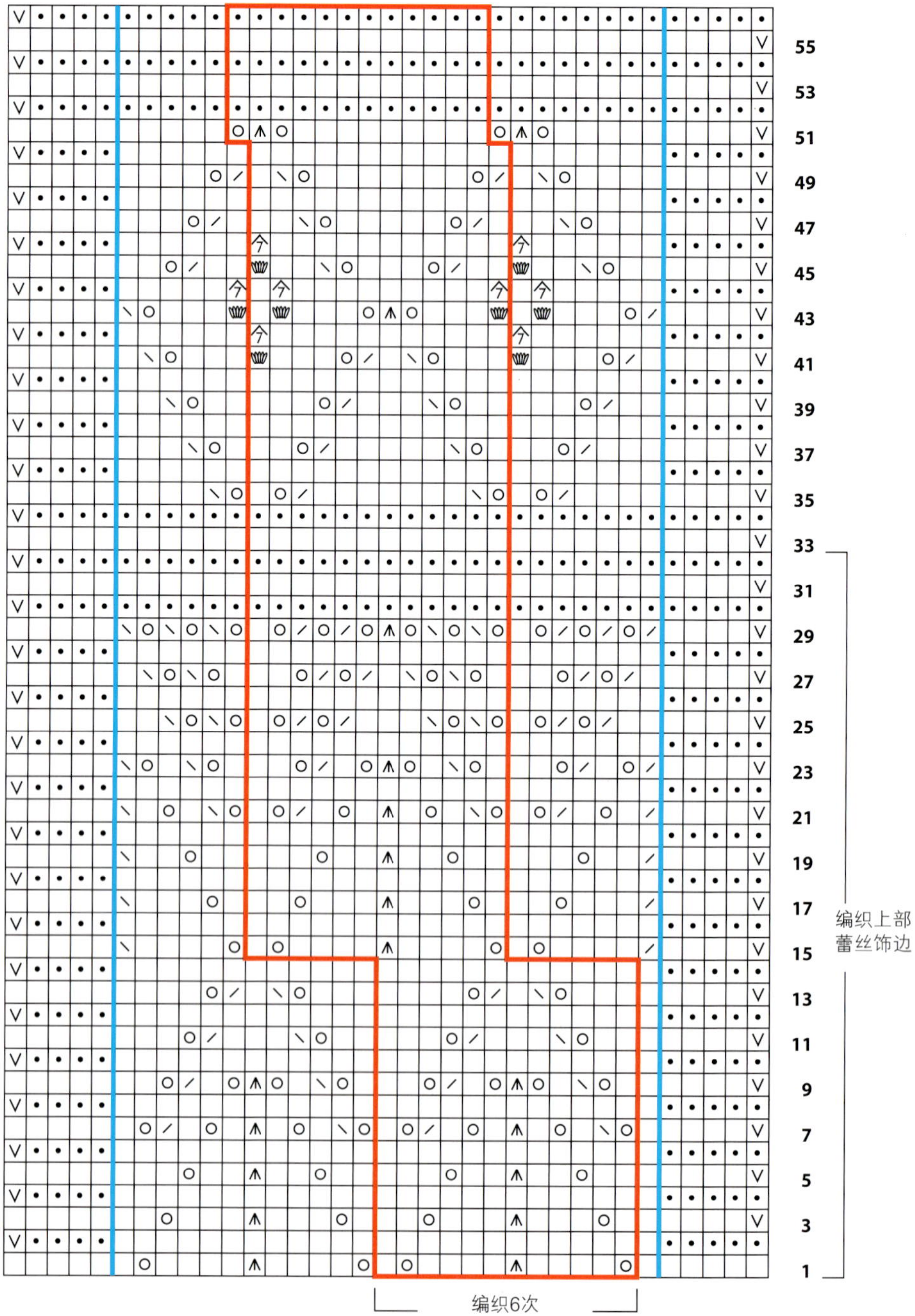

- □ 正面织下针，反面织上针
- · 正面织上针，反面织下针
- ○ 挂线
- ╱ 左上2针并1针
- ╲ 右上2针并1针
- ∧ 中上3针并1针
- 7针的小球针（见针法说明）
- 7针上针并1针
- V 毛线前置，上针方向滑1针（见说明）
- 图案重复
- 记号圈位置

丁香叶披肩中间织片和边缘

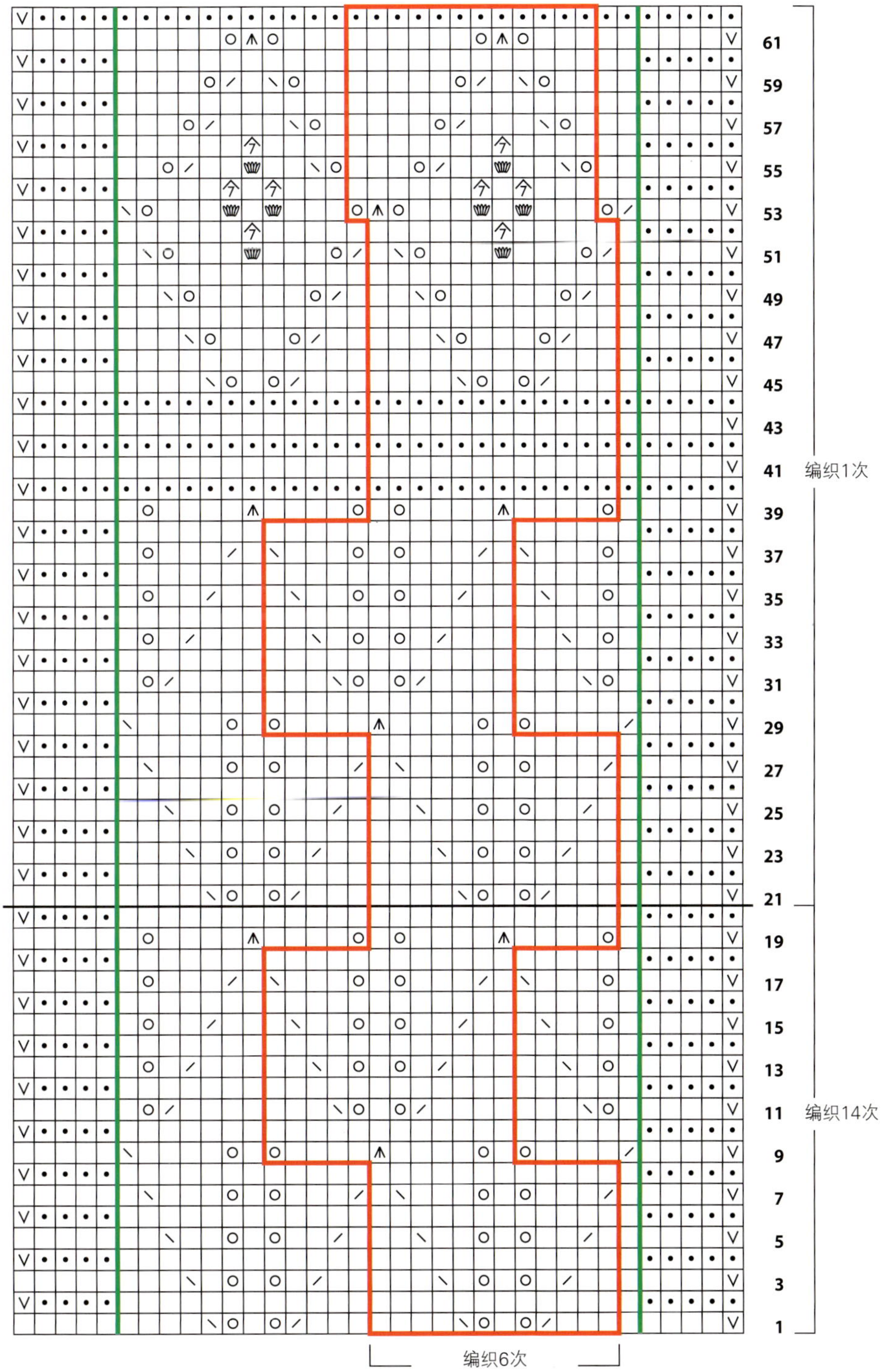

米瑞尔达三角披肩

编织这款披肩的灵感来自漂亮的哈普萨鲁三角披肩，我被这种披肩精密的结构所打动，买了好几条用来研究；同时我在哈普萨鲁的编织好友米瑞尔达·皮帕送给我好几个传统的图案，还将她们独有的编织秘诀传授给我，让我受益匪浅。本来这样的披肩是很大的，但我喜欢把这样的披肩织小一点，可以披在上衣或夹克外。

成品尺寸
定型后，上边缘约150cm宽，上边缘中间到下面尖端约76cm长

毛线
细毛线（1号超细）
此处所用毛线为毛线（100%羊毛）：每150克750米长，天然灰羊毛色（灰色），1团

棒针
美制6号（4mm）、80cm长环形针或双头棒针。可根据需要调整针号，以保证织物达到标准密度

其他
记号圈、毛线缝针、防脱别针

密度
定型前，5cm×5cm面积内：平针编织10针16行；定型后，米瑞尔达蕾丝饰边图表20针（2个重复图案）约12.5cm宽；定型后，菱形花样图表20针，重复花样约12.5cm宽

针法说明

5针的小球针

松松地编织，在同一针目里织“1针下针，挂线，1针下针，挂线，1针下针”——由此形成1针放5针的小球针。下一行按照图表所示织5针上针并1针，这样制作小球的5针就恢复成原来的1针。

聚拢针法（在3针上编织）

3针下针并1针，但不要将针目从棒针上滑下，挂线，再织1次3针下针并1针，从棒针上将这3针滑下。

3针交叉（在3针上编织）

毛线后置，上针方向滑1针，接下来2针织下针，将滑针越过刚织的2针——3针减成2针。在下面的反面行，按照图表所示在剩下的2针之间挂线加针，2针又恢复为3针。

说明

- 围巾从两个侧边的蕾丝饰边针目开始起针，针目逐渐递减形成三角形状。等只剩下起伏针边缘的针目时，在上部边缘中心将这些针目无缝缝合并收针。

围巾的编织

用双股线以特定的方法起331针（见第23页），然后剪断一股线，用剩下的一股线编织。织2行下针。

蕾丝饰边

按下列方法编织蕾丝饰边：前166针编织米瑞尔达披肩右边的蕾丝饰边第1行，在前4针之后放置1个记号圈，然后在165针上编织米瑞尔达披肩左边的蕾丝饰边第1行，在后4针之前放置1个记号圈，共329针。在中心针目上（以金色标出）放置1个可移除的记号圈，不要别在棒针上，每隔几行可以将记号圈向上挪，这样就很容易分辨出哪里是中间了，第2~20行按照图表编织左右两侧的蕾丝饰边，共305针。

边缘的编织

换到米瑞尔达三角披肩下边缘的第1~12行编织，共281针。按下面的方法编织菱形图案：前141针编织米瑞尔达三角披肩右侧菱形的第1行，后140针编织米瑞尔达三角披肩左侧菱形的第1行。第2~34行按图表左右两侧的菱形编织，共213针。再编织米瑞尔达三角披肩上边缘的第1~14行，共185针。

中间织片的编织

按下列方法编织中间织片：前93针编织米瑞尔达三角披肩右侧中间织片的第1行，后92针编织米瑞尔达三角披肩左侧中间织片第1行。第2~24行按照图表编织1次，再按照图表重复编织第1~24行2次，剩下41针。**说明：**第1次编织第1~24行时，将标示出的4针编织13次；第2次编织第1~24行时，将标示出的4针编织7次；在第3次编织第1~24行的针目时，将标示出的4针编织1次。编织中间第25~38行，其中第35和37行按图表所示在中间减针；不要在两侧记号圈内减针，剩下17针：两侧边缘分别为1个中心针加8针起伏针。**下一行：**（反面）左上2针并1针，挂线，6针下针，左上2针并1针，7针下针——剩下16针。将针目均匀地穿在两根双头棒针上，每根针上8针，剪断毛线，留出30.5cm的线头。将线头穿在毛

线缝针上，握住2根双头棒针，织片正面向外（反面相对），用无缝拼接法（见第39页）将针目缝在一起，也可以不用缝合的方法，握住2根双头棒针，织片反面向外（正面相对），用另外的环形针以3针收针法（见第38页）收针。

收尾

用柔和洗涤剂和温水轻轻地手洗，将披肩按所需的尺寸钉好，上沿尺寸宽约162.5cm，从上沿中心到下部尖端长约78.5cm。沿蕾丝饰边的每一个尖（中上3针并1针）钉在定型框上，成品上沿尺寸约为150cm宽、76cm长，晾干后修剪缝合线头。

- 正面织下针，反面织上针
- 正面织上针，反面织下针
- 挂线
- 左上2针并1针
- 右上2针并1针
- 中上3针并1针
- 5针的小球针（见针法说明）
- 5针上针并1针
- 无针目
- 中间针目
- 图案重复
- 记号圈位置
- 聚拢针目（见针法说明）
- 3针交叉（见针法说明）

米瑞尔达三角披肩左侧蕾丝饰边

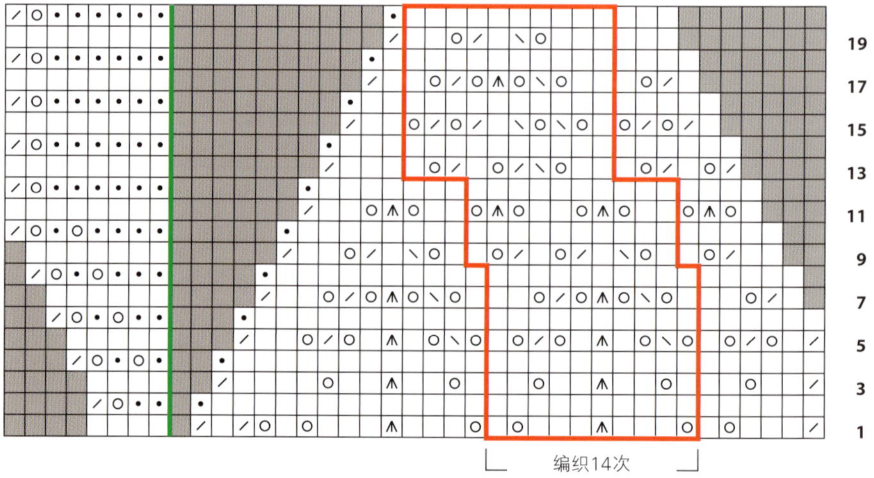

米瑞尔达三角披肩下边

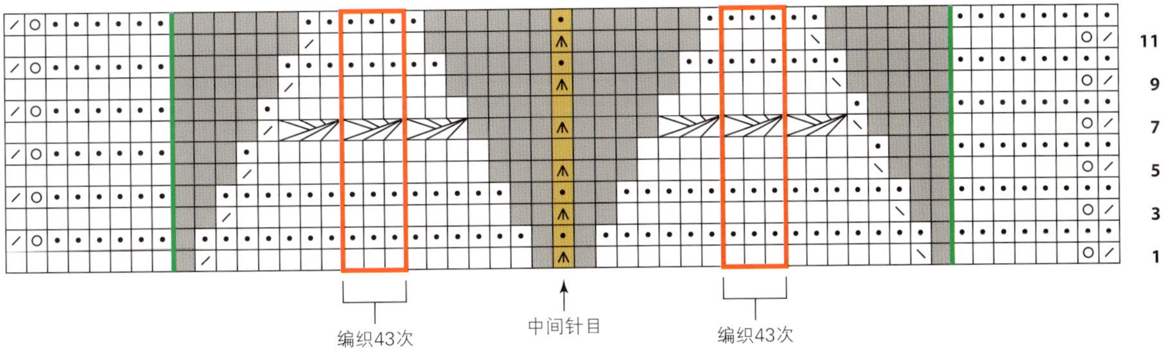

米瑞尔达三角披肩上边

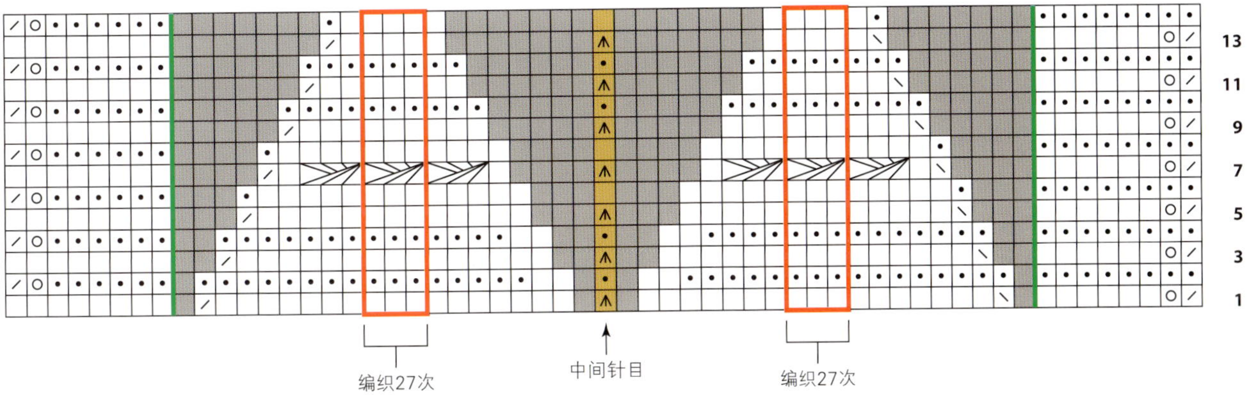

米瑞尔达三角披肩右侧蕾丝饰边

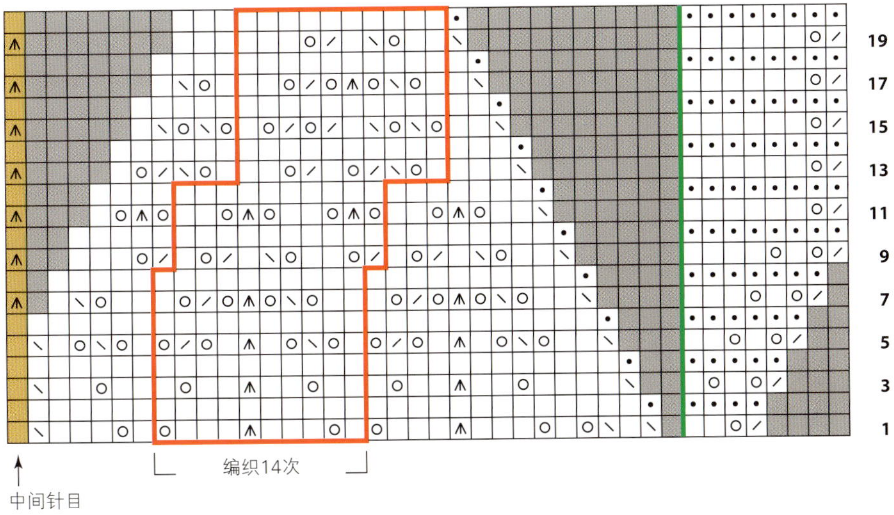

米瑞尔达三角披肩左侧菱形

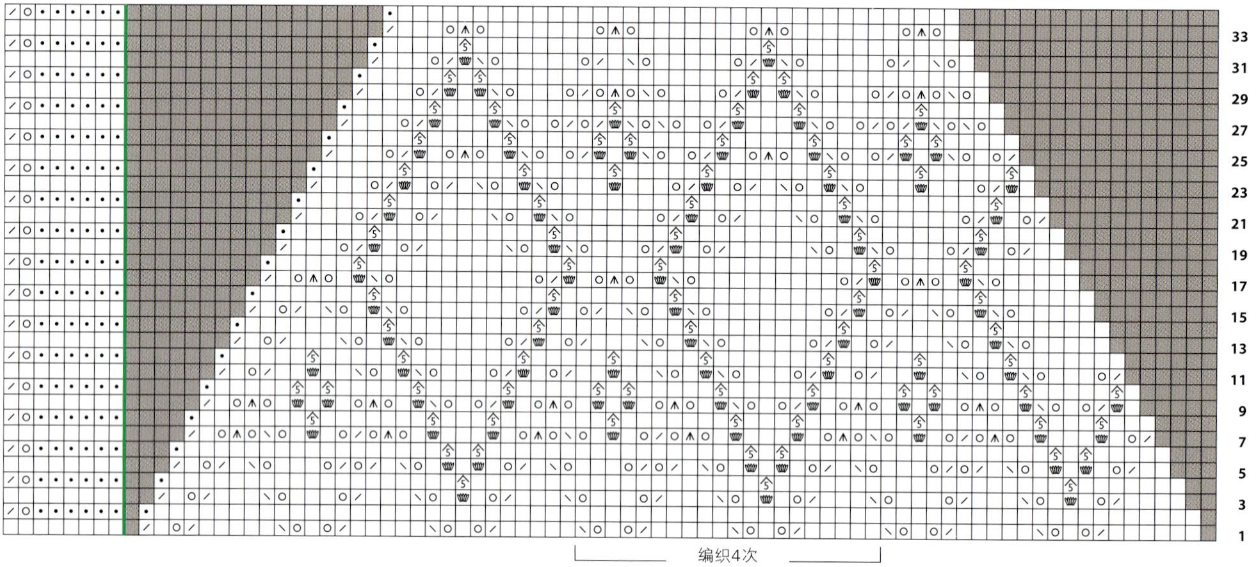

米瑞尔达三角披肩左侧中间织片

- □ 正面织下针，反面织上针
- · 正面织上针，反面织下针
- ○ 挂线
- ╱ 左上2针并1针
- ╲ 右上2针并1针
- ∧ 中上3针并1针
- 5针的小球针（见针法说明）
- 5针上针并1针
- 无针目
- 中间针目
- 图案重复
- 记号圈位置
- 聚拢针目（见针法说明）
- 3针交叉（见针法说明）

右侧菱形

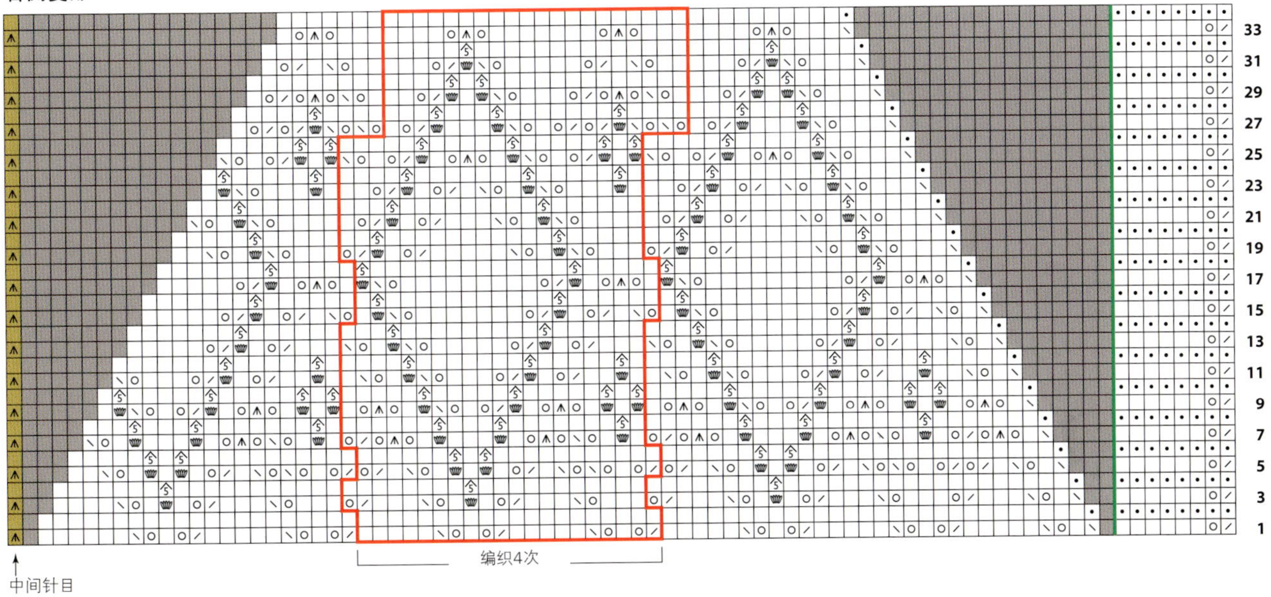

米瑞尔达三角披肩右侧中间织片

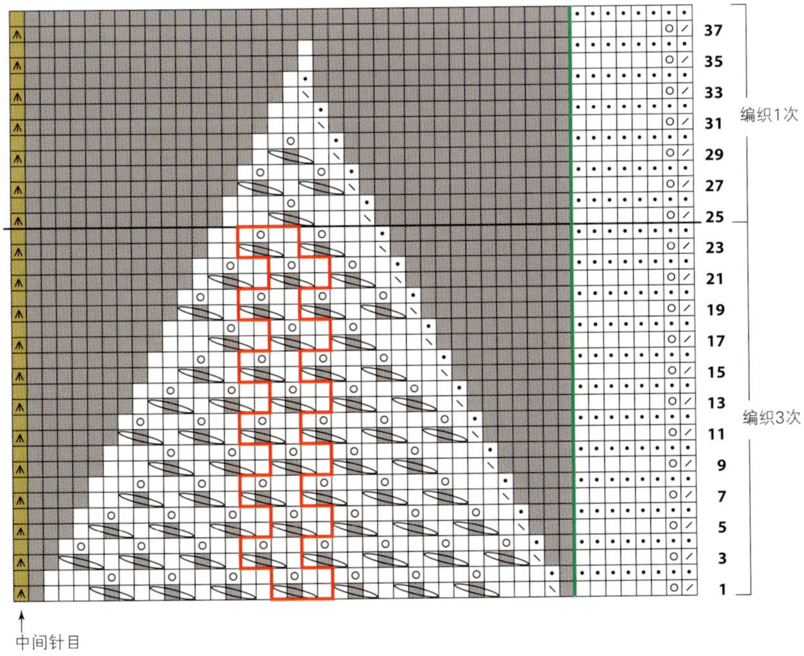

图瑞努围巾

这款披肩的灵感来源于1990年春季出版的第148期《图瑞努》杂志，作者为玉儿·萨拉姆。根据海尔莫尔的翻译，最初这款披肩是来自爱沙尼亚的礼物，尽管我们在手工艺团体里有许多经验丰富的编织高手，以前也没有人见过。因此我们把这款披肩给了海尔莫尔·雷斯提，让她解读这款披肩的图案并将其画到纸上，以便学习。在下一季的教学工作室，许多人都选择编织这一图案，织成的披肩非常有趣，因为披肩的大小取决于编织所用的羊毛线。可以用不同颜色的毛线编织，其中包括传统的白色。1989年9月的展览令人难忘，摊位上挂满了各种精致的披肩。

成品尺寸

定型后，宽约28cm，长约160cm

所用毛线

细毛线（1号超细）

此处所用毛线为蕾丝毛线（100%羊毛）：每50克455米长，铁锈红色，1团

所需棒针

美制4号（3.5mm）棒针，可根据需要调整针号，以保证织物达到标准密度

其他

临时起针的另线、4.25mm钩针、记号圈、毛线缝针

密度

定型前，5cm×5cm面积内：平针编织11.5针22行；定型后，21针为1个图瑞努围巾中间图案，约8.5cm宽

针法说明

7针的小球针

松松地编织，在同一针目里编织“1针下针、挂线”3次，1针下针——由此形成1针放7针的小球针。下一行按照图表所示织7针上针并1针，这样制作小球的7针就恢复成原来的1针。

围巾的编织

用另线钩75针锁针（见第37页），在最后1针锁针用棉线打1个结，便于识别。用棒针和披肩用线在锁针反面靠中间的69个凸起上挑起针目进行下针编织，开始和结束都为正面行。编织3行起伏针，第1行的第1针织下针，之后每一行的第1针都毛线前置，上针方向滑针。**下一行：**（反面）滑1针，上针织到最后。换到图瑞努围巾的中间部分，在前4针之后和后4针之前放置记号圈，每一行的第1针都滑针，按照图示将记号圈外面所剩的针目织起伏针，重复第1~12行针法29次，或重复到比整个围巾长度少16.5cm的时候即可，完成348行。每行第1针都滑针，织6行下针，同时在最后1行反面行均匀地加22针，剩下91针。正面行织1行下针，然后反面行织1行上针。

上部蕾丝饰边

第1~17行按照图瑞努围巾蕾丝饰边编织。**注意：**蕾丝饰边每一行的第1针不是滑针，用双股线，在下一行反面针行将所有的针目收针，剪断毛线，留15cm的线头。

下部蕾丝饰边

从锁针打结处开始，小心拆去另线锁针，在拆开的同时将针目穿在棒针上，共69针。如果需要，可重新调整针目的方向，以便围巾的反面朝上，另取围巾用线开始编织反面行。织3行下针，开始和结束都是反面行，同时在最后1行反面行均匀地加22针，剩91针。正面行编织1行下针，然后上针编织1行反面行。第1~17行针目像编织上部蕾丝饰边一样编织图瑞努蕾丝饰边。用双股线，在一行反面行将所有的针目收针，剪断毛线，留出15cm长的线头。

收尾

用柔和洗涤剂和温水轻轻地手洗，将围巾按所需的尺寸钉好，沿蕾丝饰边的每一个尖（挂线、1针下针、挂线）钉在定型框上，晾干后修剪缝合线头。

图瑞努围巾蕾丝饰边

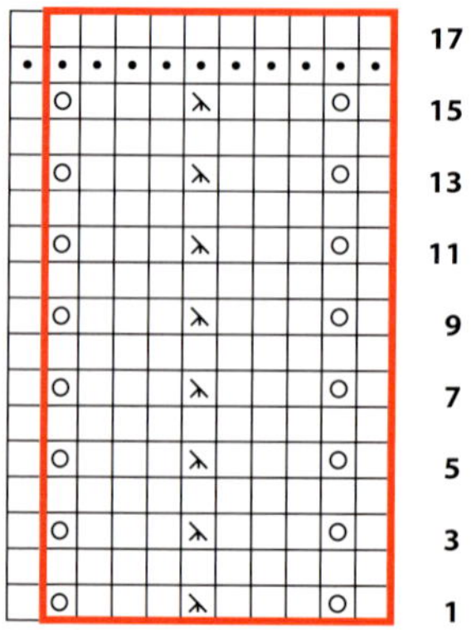

图瑞努围巾中间织片

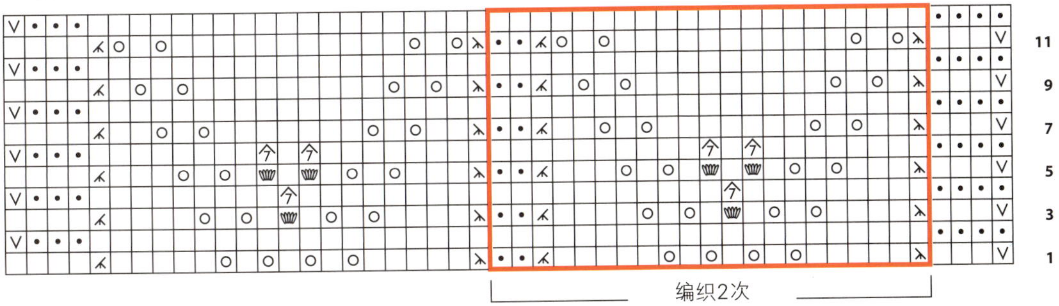

皇太子方形披肩

这款可爱的方形披肩图案来自1981年冬天出版的第115期《图瑞努》杂志，文章由海尔薇·波斯卡撰写。出版的披肩图案并不是1936年送给瑞典皇太子古斯塔夫·阿道夫那一款披肩的复制，图案是根据马蒂尔德·莫尔所编织的类似款式披肩的照片画出来的。这款图案由莫尔的母亲瓦尔德曼夫人设计，她就是亲自编织皇太子披肩的人。而《图瑞努》杂志上所印的照片中的披肩是由哈普萨鲁披肩工作室的卢拉·克巴编织的，这个工作室是在瑞典斯德哥尔摩的爱沙尼亚民族俱乐部，根据海尔莫尔·雷斯提的建议，这个版本的披肩蕾丝饰边多加24针（两个重复图案），使披肩更有延展性。

成品尺寸
定型后，边长为132cm

所用毛线
蕾丝毛线（0号蕾丝）
此处所用毛线为美利奴蕾丝毛线（100%美利奴羊毛）：每100克1257米长，426号原白色，2团

棒针
美制4号（3.5mm）棒针，可根据需要调整针号，以保证织物达到标准密度

其他
记号圈、防脱别针、毛线缝针

密度
定型前，5cm×5cm面积内：平针编织10针18行；定型后，皇太子披肩上下边的20针重复花样，14cm宽；皇太子披肩中间织片的12针重复花样，8.5cm宽

海尔薇·波斯卡忆外婆

我的外婆洛维萨·萨利卡住在离我父母在哈普萨鲁奥佩塔佳的房子只有10分钟路程的一所小房子里。这座小房子有四个房间、一个大厨房和一个很大很漂亮的花园，里面种着多种树：苹果树、大杏树和小杏树、红醋栗，以及各种浆果树。她还种了各种蔬菜和草莓。其中两间房间常年出租，冬天租给乡下来的学生，夏天则有很多游客下榻，通常一家会连续几个夏季都来这里居住。外婆经常坐在她房间铺着白色桌布的桌子旁，桌旁的窗台上种满了各种花，外婆尤其喜欢秋海棠。我四岁的时候外婆就开始教我编织，我为我的娃娃编织披肩，而她则编织带蕾丝饰边或流苏的方形披肩。她把编织的披肩卖给塔林的一个商人，这个商人再把披肩卖到美国。我喜欢看外婆编织，闻闻披肩在定型时的湿羊毛的气味。定型后披肩会变硬。我深爱着我的外婆，她也爱我和我的孩子们。我的妈妈是个独生女，在我外婆于1941年（二战时期）去世后，我决定成为手工编织讲师。我到塔林，在那里的手工学院学习了两年，之后回到哈普萨鲁开始执教，当时我才18岁。19岁时，我到了瑞典，1947年开始第一次示范编织哈普萨鲁披肩。从那时起我已经能教授好几门课，举办过好多次展览，我还做过图书整理员的工作。虽然我的编织并不出众，但我很喜欢画披肩图案和进行披肩编织的描述，我还编织图样、教授哈普萨鲁编织技巧，但我只教授二战之前的图案。

针法说明

7针的小球针

松松地编织，在同一针目里编织“1针下针、挂线”3次，1针下针——由此形成1针放7针的小球针。下一行按照图表所示织7针上针并1针，这样制作小球的7针就恢复成原来的1针。

说明

- 披肩中间织片为一个整体，蕾丝饰边是两片相同的织片，之后与中间织片缝合在一起。
- 如果没有特殊说明，可以将毛线前置，像织上针一样将披肩中间织片每一行的第1针滑针，织6针下针，然后将披肩每一行的最后7针织下针。

中间方形织片

起153针（见第23页）。**下一行：**（正面）织下针。**下一行：**（反面）滑1针（见说明），下针织到末尾，再重复编织上一行12次，完成14行起伏针。**下一行：**（正面）滑1针、6针下针，放置记号圈，织139针下针，放置记号圈，7针下针。**下一行：**（反面）毛线前置，上针方向滑1针，6针下针，上针织到还剩7针，7针下针。按照下列方法在下一个正面行编织皇太子披肩的上下边缘：记号圈前7针按之前的方法继续编织，中间139针编织图表的第1行，记号圈后7针按之前的方法继续编织。记号圈外面的饰边按之前的方法编织，中间图表织第2~34行。按下列方法在下一个正面行编织皇太子方形披肩的两个侧边和中间织片：编织前7针，下19针编织皇太子方形披肩侧边图表的第1行，放置记号圈，下101针上编织皇太子披肩的中间织片的第1行，放置记号圈，下19针上编织皇太子披肩的侧边的第1行，编织最后7针。

在下面的行，侧边图表第20~40行织1次，第1~40行织4次；第1~6行织1次；中间织片图表第2~28行织1次，第29~52行编织6次，第53~86行编织1次——从侧边和中间开始共206行图案。下面编织皇太子披肩上下边图表，两侧的7针继续编织，第1~34行按照图表编织。**下一行：**（正面）滑1针，下针织到最后。**下一行：**（反面）滑1针，6针下针，上针织到最后7针，7针下针。每行的第1针滑针，织13行起伏针，开始和结束都为正面行，反面朝上，用2针下针并1针的方法（见第27页），将所有针目松松地收针。

蕾丝饰边（编织2片）

用双股线以特定针法起409针。然后剪断一股线，用另一股线编织。编织2行下针，在织片的正面边放置1个记号圈或防脱别针。第1~21行按照皇太子披肩蕾丝饰边编织，每一行的第1针不要滑针。反面朝上，用2针下针并1针的方法将所有的针目松松地收针，以同样方法编织另一条蕾丝饰边。

将蕾丝饰边与中间织片缝在一起

将中间织片和1个蕾丝饰边的正面并在一起，中间织片靠近自己。从左下角（起针行左侧）开始缝，铺好蕾丝饰边从“中间点”开始缝合，即每个侧边上有16个尖点，第17个扇形点正好在中间织片的转角处。将线团上的毛线穿进毛线缝针，按下列方法将2个织片缝在一起（见第30页）：将针从后往前穿进蕾丝饰边前3个线圈，再从前往后穿进中间织片的第1个线圈，重复这个3：1的方法2次（共3次），蕾丝饰边上的9针和中间织片上的3针缝在一起。接着，从蕾丝饰边上穿过2个线圈，从中间织片穿过1个线圈，重复这个2：1的方法2次（共3次）。沿披肩的侧边在蕾丝饰边上挑起1个线圈，从中间织片挑起1个线圈进行缝合，重复3次；然后在蕾丝饰边上挑起2个线圈，从中间织片上挑起1个线圈进行缝合（1：1、1：1、1：1、2：1），直到蕾丝饰边上17个扇形中间前还剩15针，中间织片上下一个角部还剩下6针。然后，从蕾丝饰边上挑起2个线圈，中间织片上挑起1个线圈缝合（2：1），重复3次，接着从蕾丝饰边上挑起3个线圈，中间织片上挑起1个线圈缝合（3：1），重复3次，在蕾丝饰边上第17个扇形中心和中间织片的角部处结束。说明：可能中间缝合时需要稍作调整（可以从蕾丝饰边上多或少挑几针，两个织片上都不要漏针，否则会形成漏洞），从确保在蕾丝饰边的扇形中心和中间织片转角处结束。沿上边缘继续缝合：3：1的缝合方法重复3次，2：1的方法重复3次，然后按（1：1、1：1、1：1、2：1）比例织3次，直到即将成为下一个角部的蕾丝饰边扇形中心前还剩15针，中心织片角部还剩6针。然后，以2：1的方法重复3次，3：1的方法重复3次，在角部处结束。

以同样方法将另一条蕾丝饰边和中间织片剩下的两个侧边缝合在一起，从侧面开始，沿披肩的下边缝合，用中间织片上的毛线或单独的一根毛线，在角部处将蕾丝饰边的边缘缝合起来，检查缝边是否有褶皱或太紧，之后再剪断毛线。

收尾

用柔和洗涤剂和温水轻轻地手洗，将围巾按所需的尺寸钉好，边长为137cm，沿蕾丝饰边的每一个尖（右上3针并1针）钉在定型框上，成品边长为137cm，晾干后将缝合线头织进披肩。

皇太子方形披肩上、下边

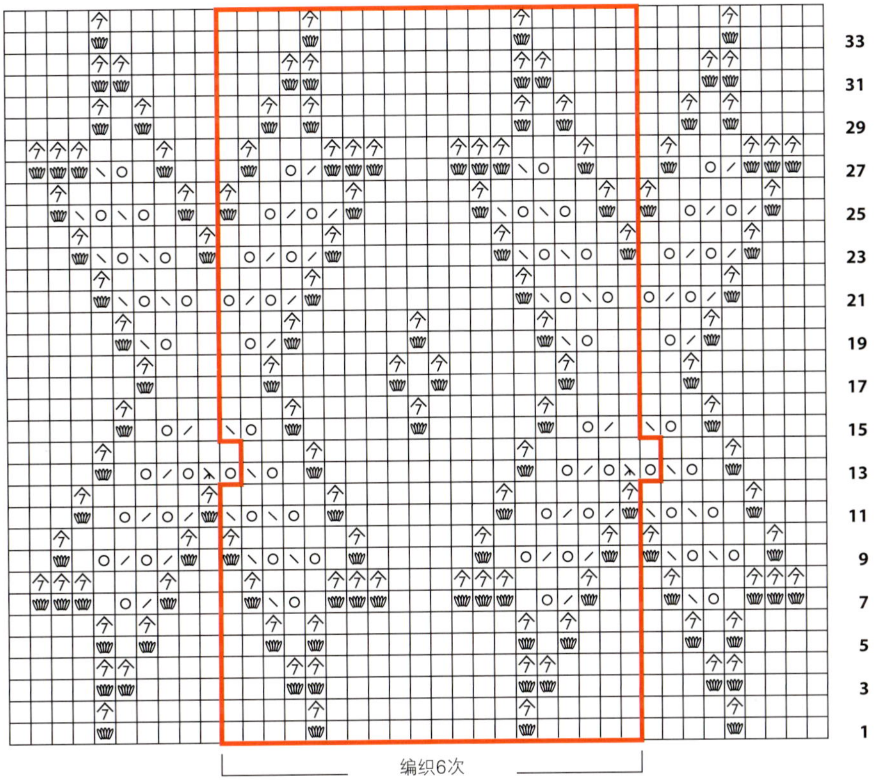

皇太子方形披肩蕾丝饰边

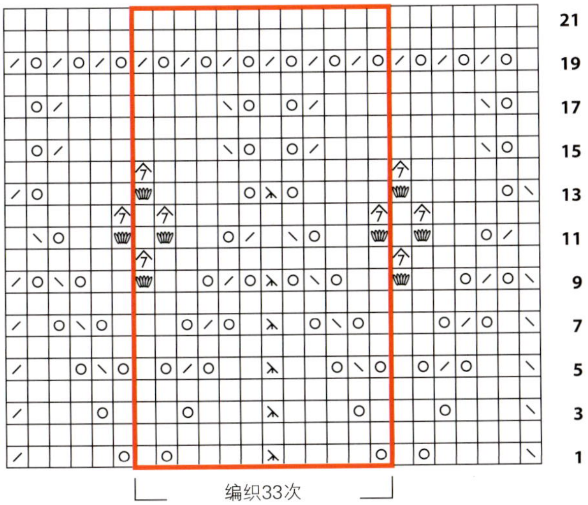

- □ 正面织下针，反面织上针
- ⊡ 正面织上针，反面织下针
- ○ 挂线
- ⟋ 左上2针并1针
- ⟍ 右上2针并1针
- ⅄ 右上3针并1针
- 7针的小球针（见针法说明）
- 7针上针并1针
- 图案重复

皇太子方形披肩侧边

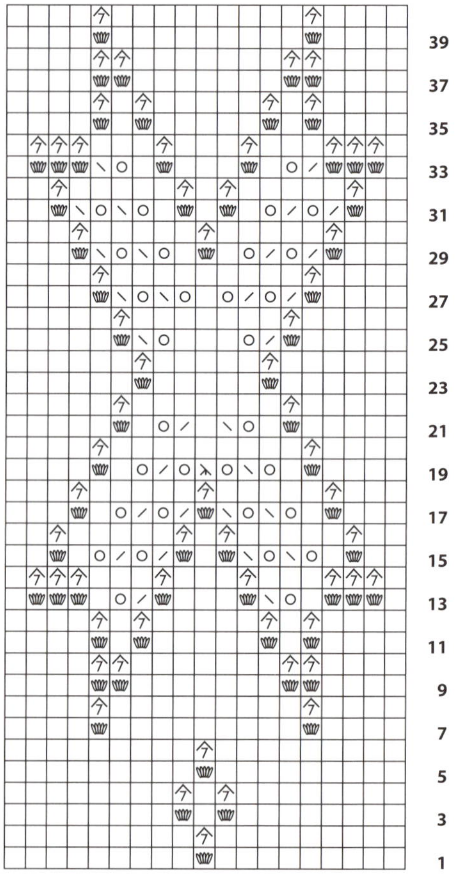

皇太子方形披肩中间织片

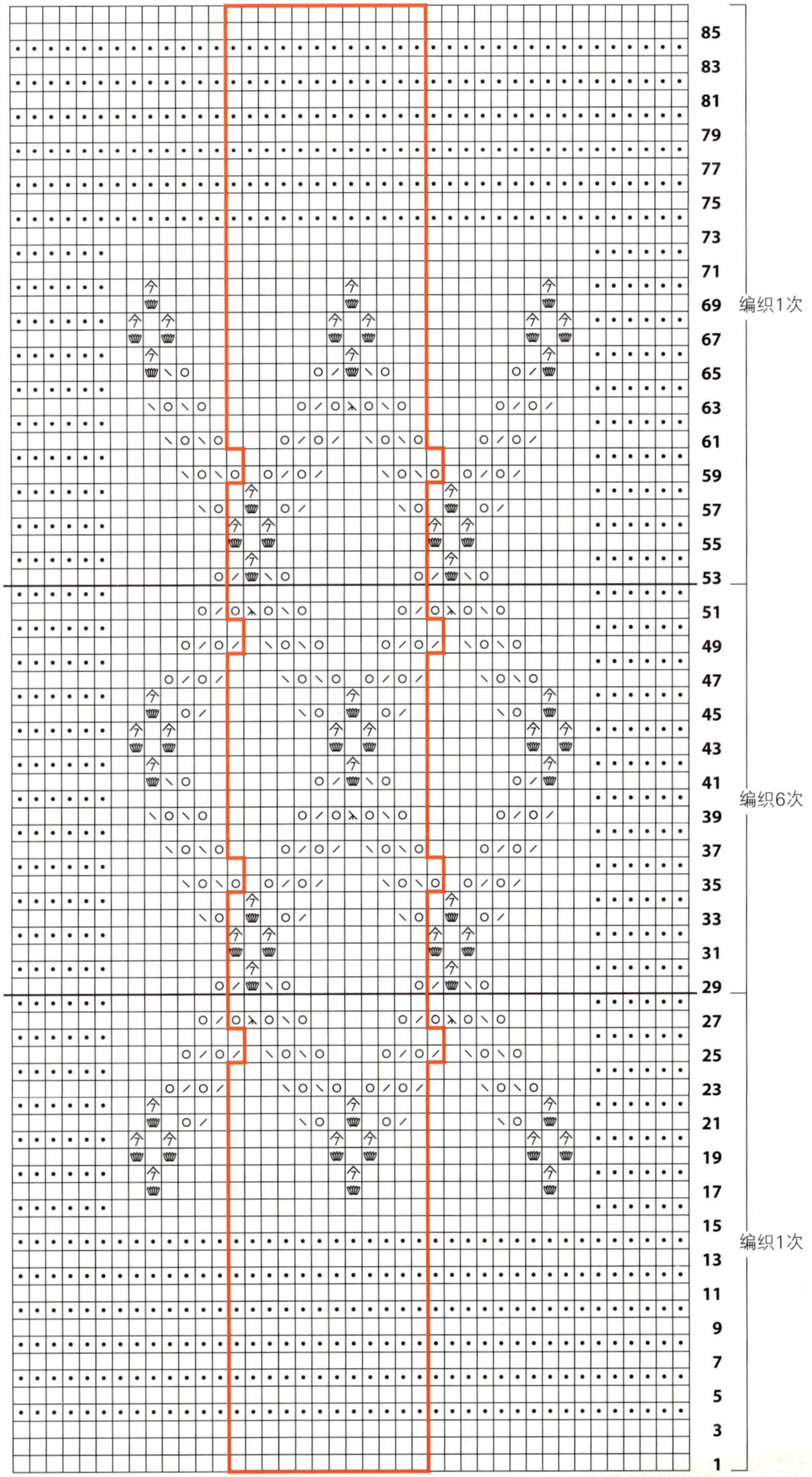

- 正面织下针，反面织上针
- 正面织上针，反面织下针
- 挂线
- 左上2针并1针
- 右上2针并1针
- 右上3针并1针
- 7针的小球针（见针法说明）
- 7针上针并1针
- 图案重复

爱沙尼亚蕾丝图案和针法术语

准备这个针法术语来充实蕾丝图案时，我尽可能多地收集了已经被命名的和较为容易命名的爱沙尼亚蕾丝的经典、传统图案，作为一套整体，这些不同的图样，是爱沙尼亚蕾丝编织者开发出来的，也是他们钟爱的。

这些图案来源不同，许多都是哈普萨鲁的编织者手绘到网格纸上的，有的是来自1951~1995年出版的《图瑞努》杂志，许多这样的图案在二战前非常受欢迎；还有一些来自1972年由纽约爱沙尼亚妇女俱乐部出版的《哈普萨鲁编织》小册子；再有一些来自雷利·雷曼编撰的三版《蕾丝编织图案》，它们分别出版于1978年、1986年和1995年，每一版都加了新内容和新的图案变体。这些书包含许多蕾丝图案，这些图案不仅适用于爱沙尼亚蕾丝披肩，也适合多数蕾丝的编织，这些图案由雷利·雷曼收集，有的还是她的独创，这些书在爱沙尼亚既是蕾丝编织的灵感来源，也是现代披肩结构的信息来源。

鉴于本书篇幅有限，我只收集了披肩和围巾中间织片的图案，有好几种惹人喜爱的树叶和山谷百合图案。这些图案都是受到自然和平时生活的激发而创作出的，还有的图案是来纪念葛丽泰·嘉宝和瑞典皇太子的；书中既包括方形披肩形成框架的两个边缘图案，也有经典的扇形蕾丝饰边形成的披肩或围巾收尾的编织方法，可以用传统的缝制方法，也可以用挑针编织的方法来完成。

有的时候，我对原来的编织图表进行调整，使它更容易编织，有的是用爱沙尼亚语写成，有的是画出的图表，可以根据这些信息完成一个可重复的图案，如果空间允许，我会给出大的图案的图片，好让大家更容易看到这种宽边和长边上的重复图案的效果。

图表中表示小球针的标志没有明确标出针数，针数取决于所用毛线的粗细。总的来说，稍粗的毛线用5针制作小球，细毛线则需要用7针或9针制作小球，可以先编织一个图样来决定哪种方法更适合。

针法说明

1针放3针加针

1针下针，不要将针从左针上滑下，在右针上挂线，再在左针同一针目中织1针下针后将此针从左针上滑下——1针放3针完成。

5针的小球针

松松地编织，在同一针目中编织“1针下针，挂线，1针下针，挂线，1针下针”——由此形成1针放5针的小球针。下一行按照图表所示织5针上针并1针，这样制作小球的5针就恢复成原来的1针。

7针的小球针

松松地编织，在同一针目中编织“1针下针、挂线”3次，1针下针——由此形成1针放7针的小球针。下一行按照图表所示织7针上针并1针，这样制作小球的7针就恢复成原来的1针。

3针聚拢针法（在3针上进行编织）

3针下针并1针，不要从织针上滑针，再次编织3针下针并1针，然后将3针全部从织针上滑针。下一行一定要依正确的顺序编织这些针目。

5针聚拢针法（在5针上进行编织）

5针下针并1针，不要从织针上滑针，再次编织5针下针并1针，但这次从织针上脱针，再次编织5针下针并1针，然后将5针全部从织针上滑针。下一行一定要依正确的顺序编织这些针目。

针法符号

- 正面织下针，反面织上针
- 正面织上针，反面织下针
- 挂线
- 左上2针并1针（下针）
- 右上2针并1针（下针）
- 左上2针并1针（上针）
- 右上2针并1针（上针）
- 左上3针并1针（下针）
- 左上3针并1针（上针）
- 右上3针并1针（下针）
- 中上3针并1针
- 1针放3针
- 小球针（见针法说明）
- 将所有小球针针目下针并在一起（#＝小球针中的针数）
- 角部针目
- 无针目
- 图案重复
- 3针聚拢针法（见针法说明）
- 5针聚拢针法（见针法说明）
- 将3针滑针到角部，放在织片后，3针下针，从角部织3针下针
- 将3针滑针到角部，放在织片后，3针下针，从角部织3针下针

叶片与枝条图案

叶片图案

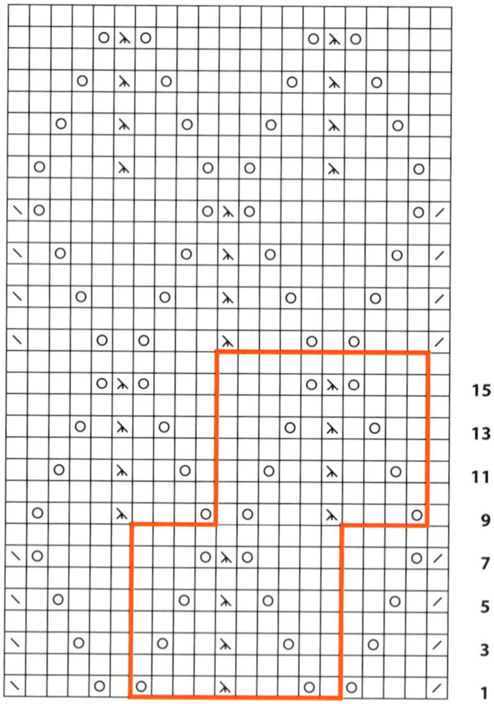

图案重复
针数为10的倍数加11针，16行

来源：《哈普萨鲁编织》，纽约，1972年

见第123页针法符号

半叶图案

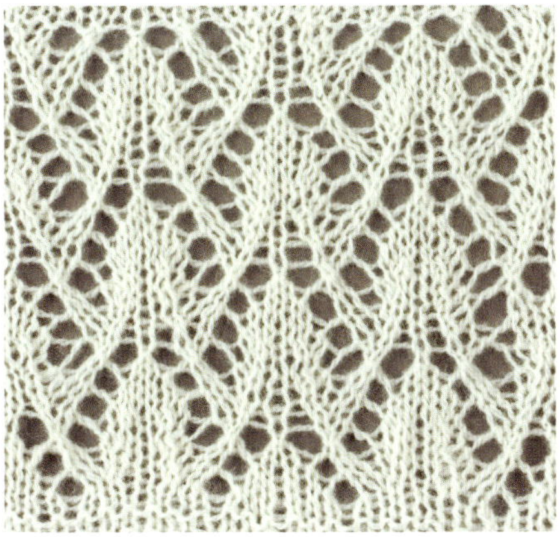

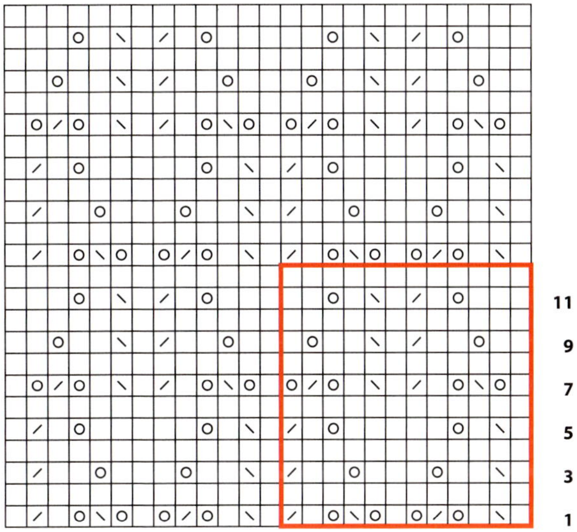

图案重复

针数为12的倍数加13针，12行

来源：《哈普萨鲁编织》，纽约，1972年

5片叶子图案

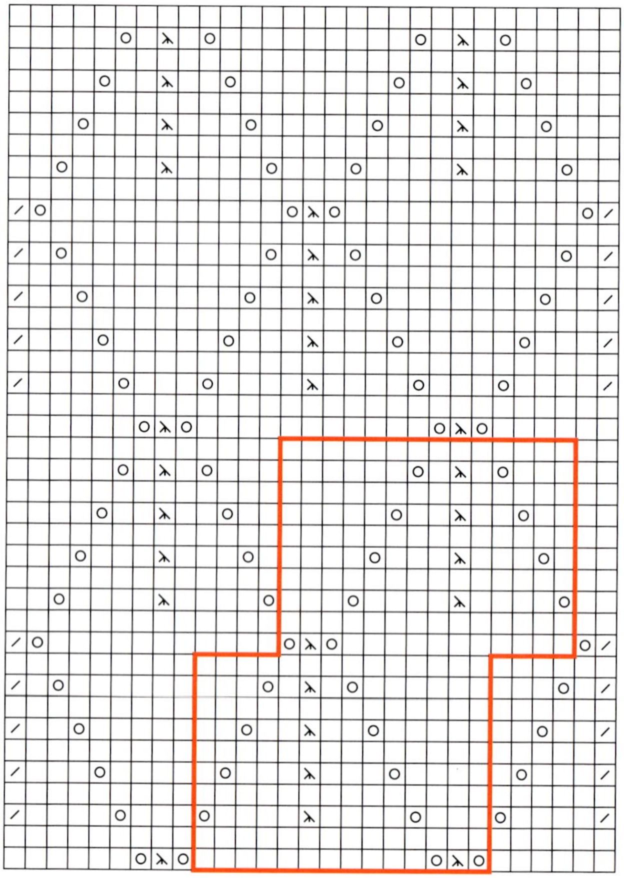

图案重复
针数为14的倍数加15针，20行

来源：《图瑞努》第111期，1980年

见第123页针法符号

白蜡叶图案

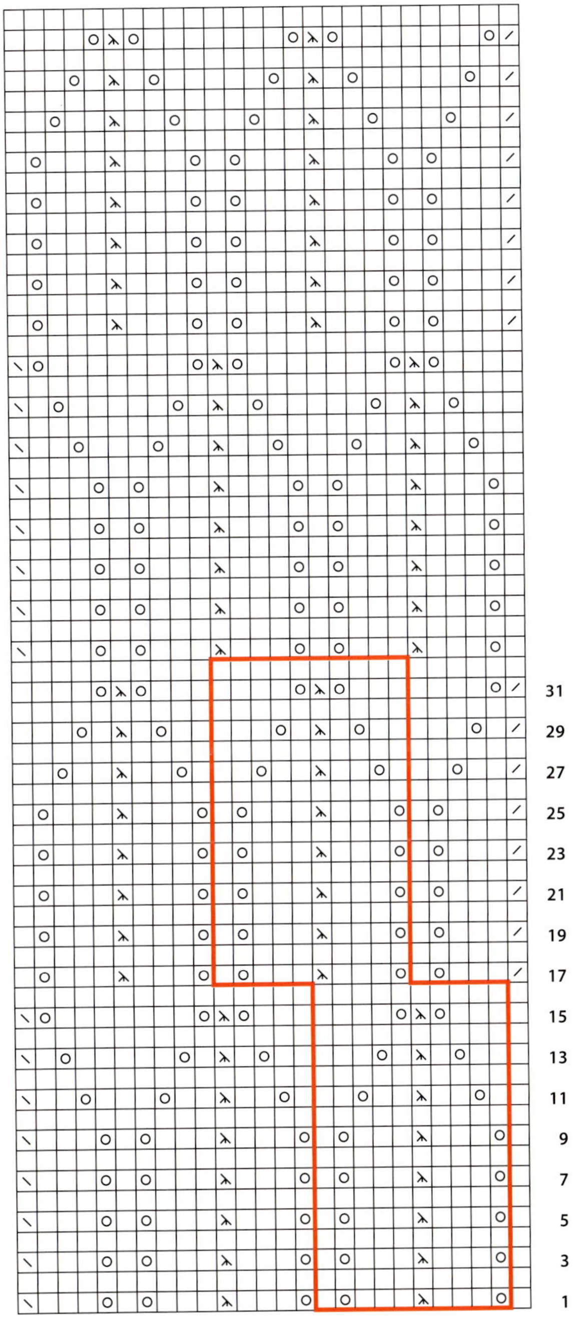

图案重复
针数为10的倍数加6针，32行

来源：《图瑞努》第111期，1980年

白桦叶图案

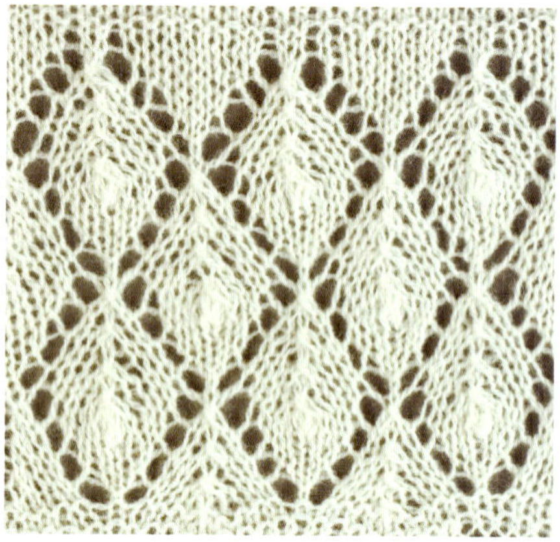

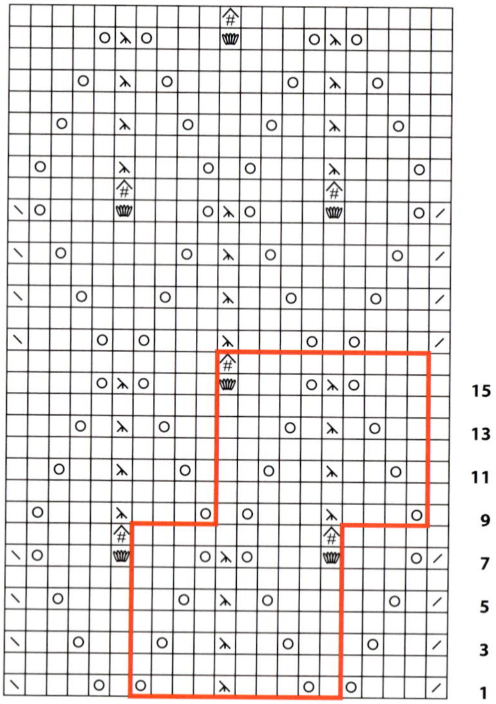

图案重复
针数为10的倍数加11针，16行

来源：《图瑞努》第111期，1980年

见第123页针法符号

树枝图案

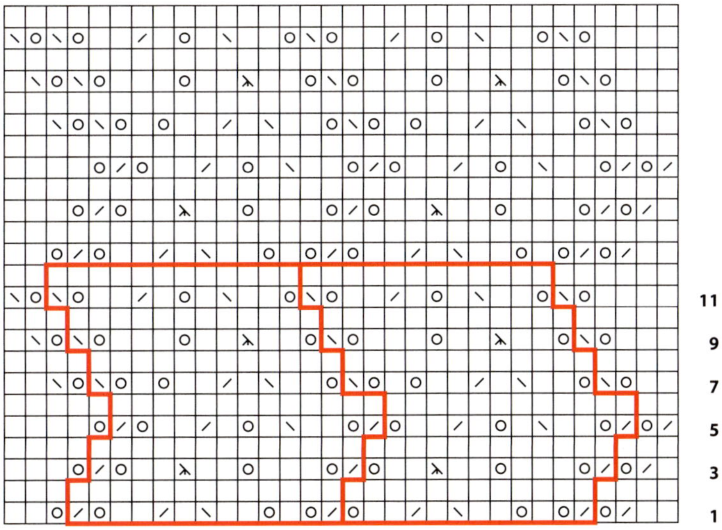

图案重复
针数为12的倍数加8针，12行

来源：哈普萨鲁，手绘

2号树枝图案

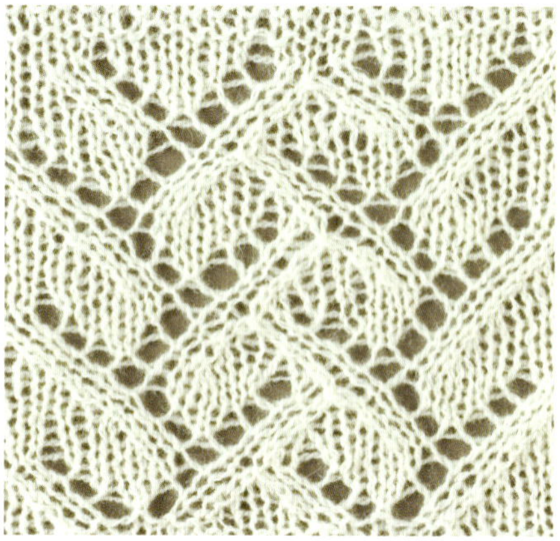

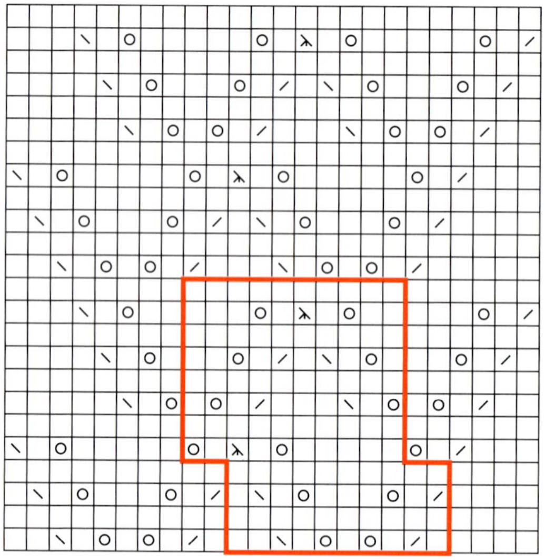

图案重复
针数为10的倍数加14针，12行

来源：《图瑞努》第111期，1980年
《哈普萨鲁编织》，纽约，1972年

见第123页针法符号

双枝图案

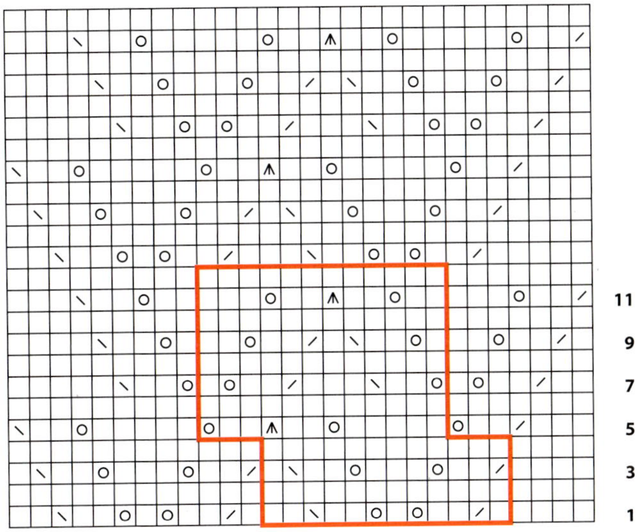

图案重复
针数为12的倍数加16针，12行

来源：《图瑞努》第111期，1980年

山谷百合图案

单个山谷百合图案

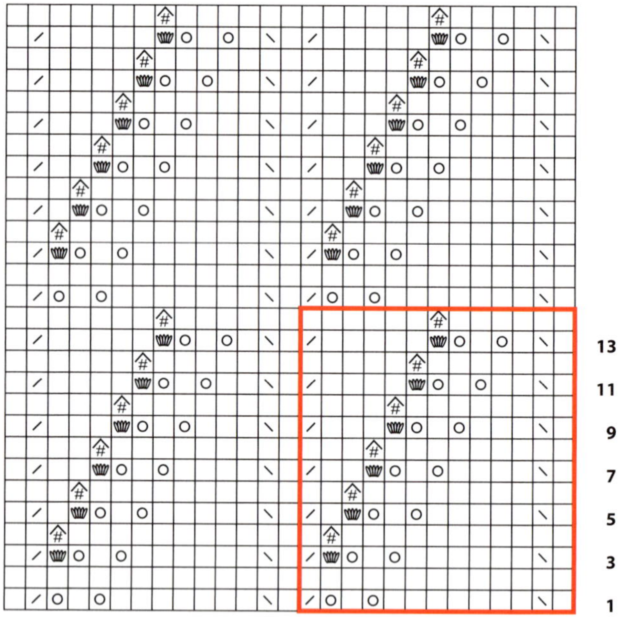

图案重复
针数为13的倍数加1针，14行

来源：《图瑞努》第111期，1980年
《哈普萨鲁编织》，纽约，1972年

见第123页针法符号

双山谷百合图案

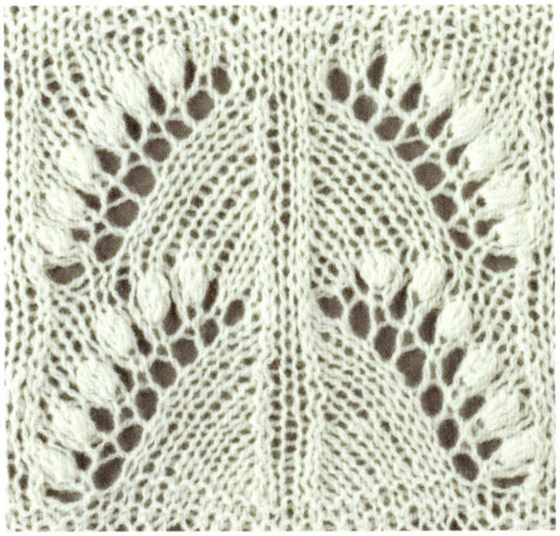

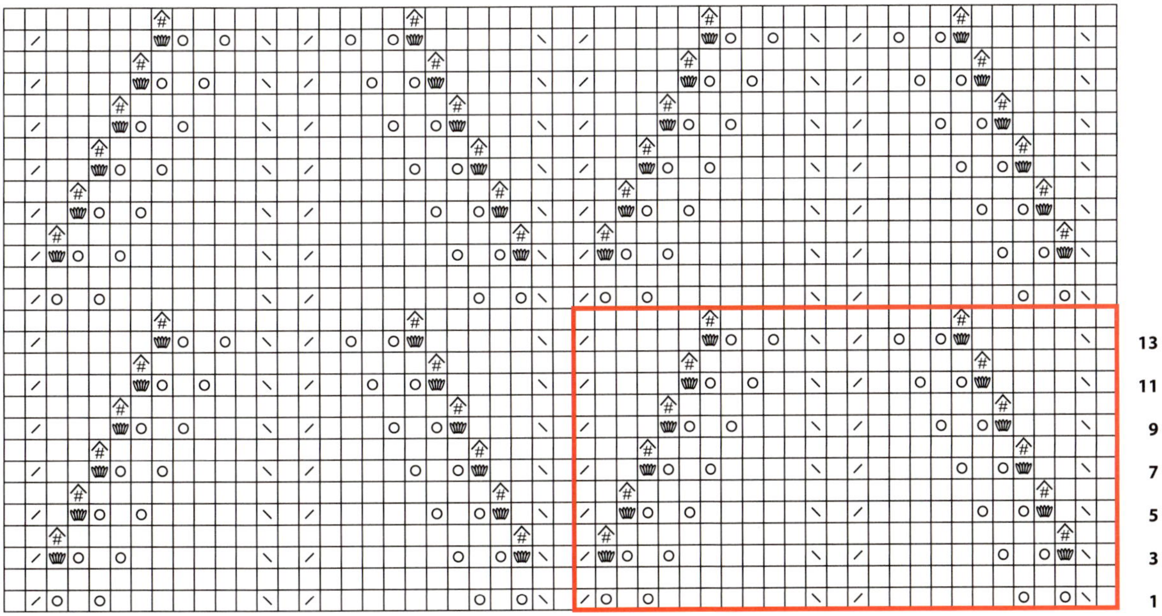

图案重复
针数为26的倍数加1针，14行

来源：《图瑞努》第111期，1980年
《哈普萨鲁编织》，纽约，1972年

1号山谷百合图案

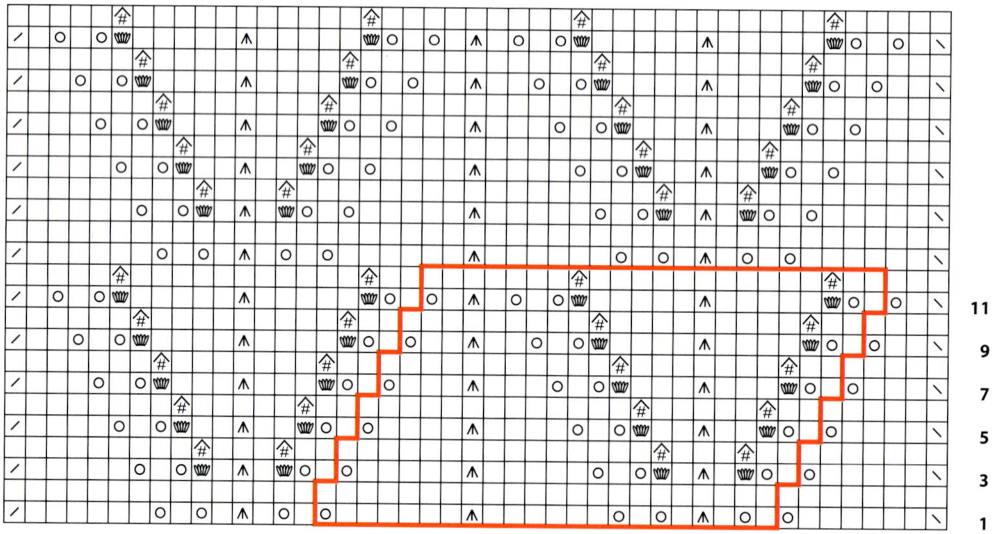

图案重复
针数为22的倍数加23针，12行

来源：《图瑞努》第113期，1981年

见第123页针法符号

2号山谷百合图案

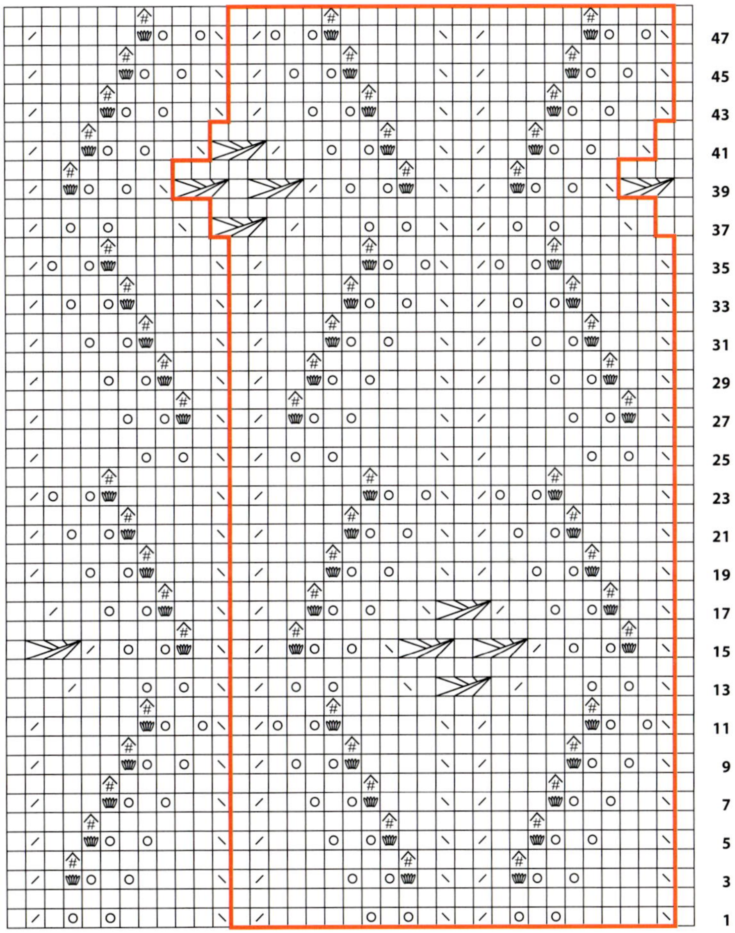

图案重复

针数为24的倍数加13针，48行

来源：《图瑞努》第113期，1981年

山谷百合图案

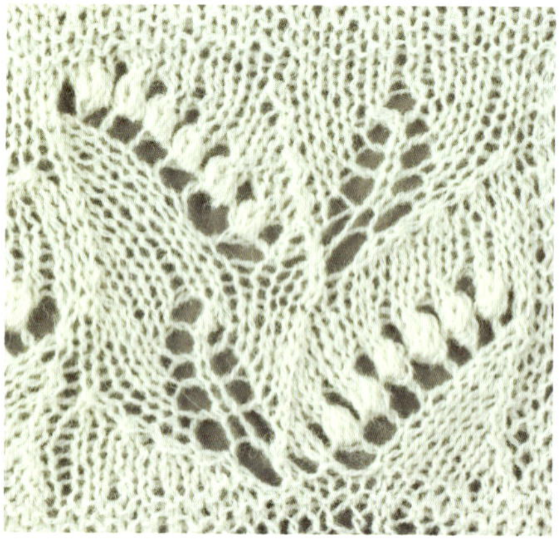

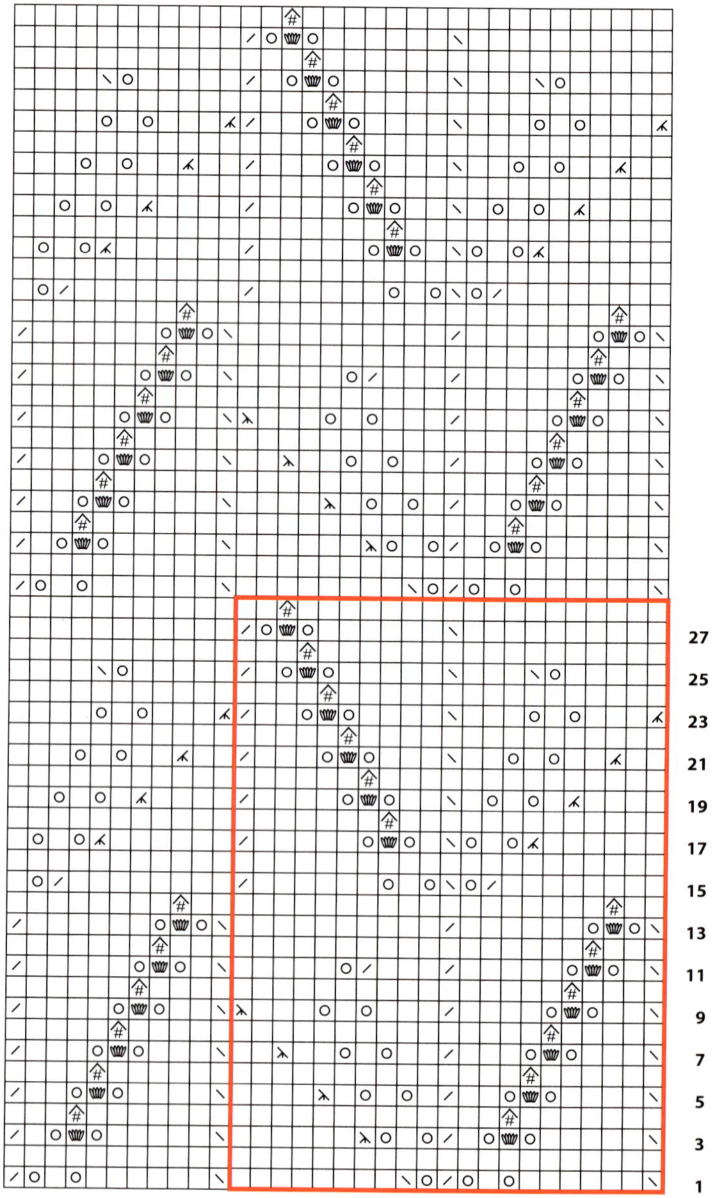

图案重复
针数为21的倍数加11针，28行

来源：哈普萨鲁，手绘
由艾斯特•尼普设计

Piibelehtkiri是山谷百合的另一种称谓，这是哈普萨鲁的现代设计。这款图案首次出现在哈普萨鲁织工赠送给爱沙尼亚前第一夫人英格丽•鲁特尔的披肩上。英格丽•鲁特尔也是一位民族志学者，目前致力于保存爱沙尼亚民间传统。

见第123页针法符号

生活中的其他图案

蓝莓图案

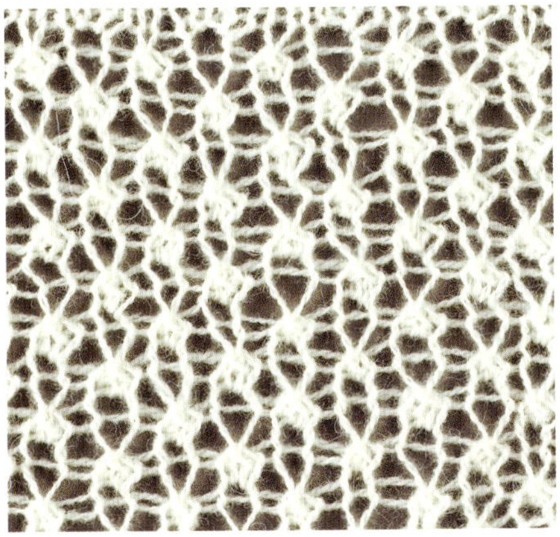

图案重复
针数为4的倍数，4行

来源：雷利•雷曼《皮斯利斯德•蔻科雅德》，
瓦尔格斯，1986年，爱沙尼亚，塔林
20号图案，第42和134页

鱼尾图案

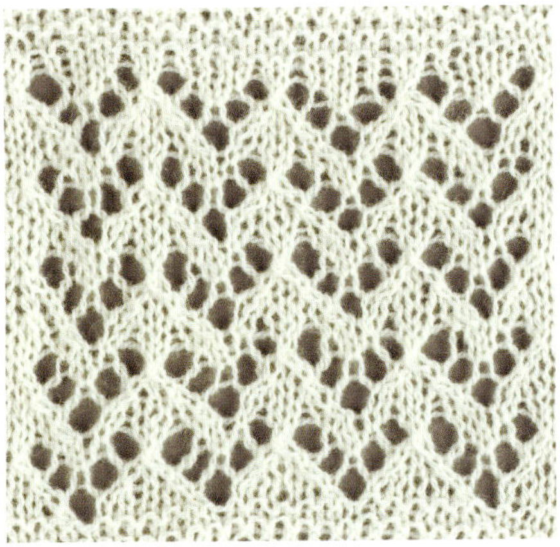

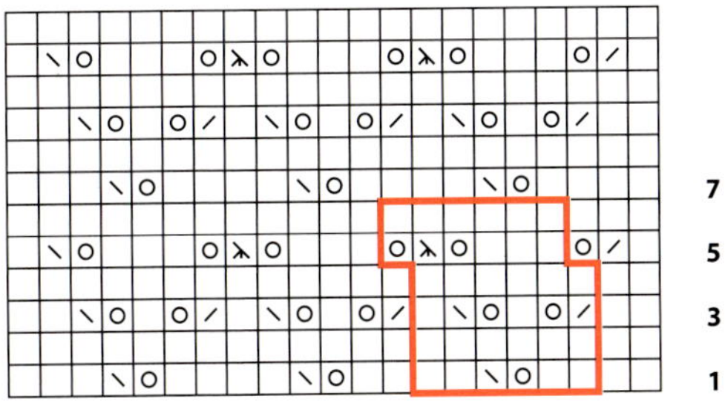

图案重复
针数为6的倍数加9针，6行

来源：《哈普萨鲁编织》，纽约，1972年

瓢虫图案

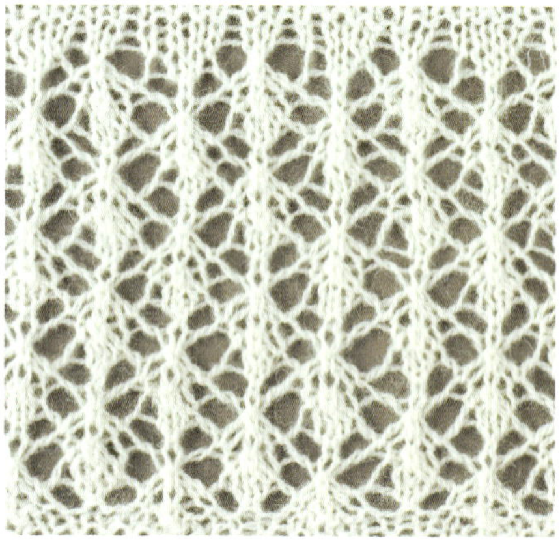

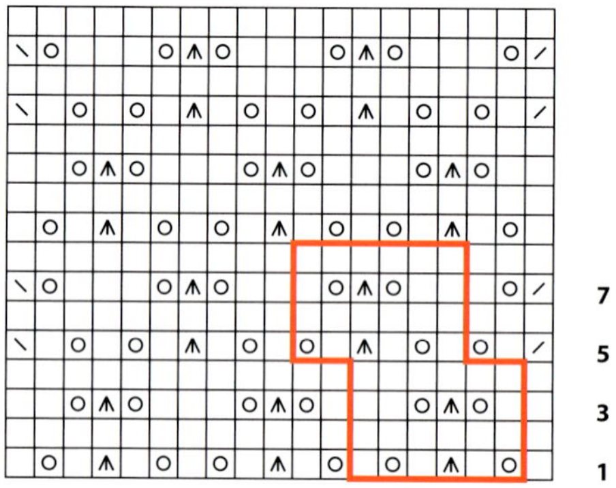

图案重复
针数为6的倍数加7针，8行

来源：《哈普萨鲁编织》，纽约，1972年

孔雀尾图案

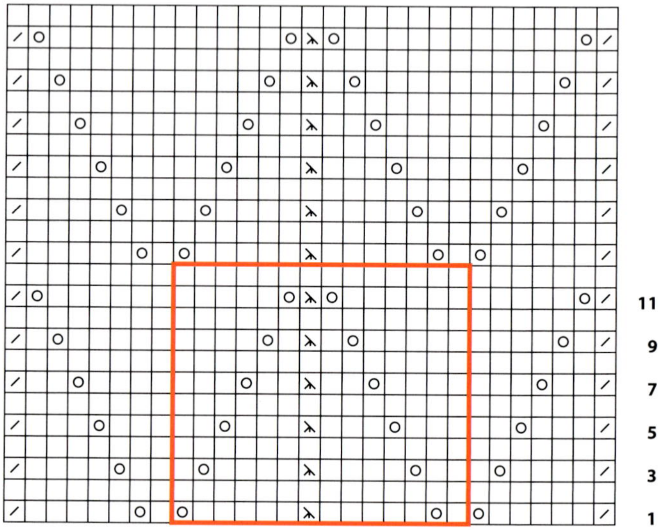

图案重复
针数为14的倍数加15针，12行

来源：《图瑞努》，第111期，1980年

见第123页针法符号

越橘图案

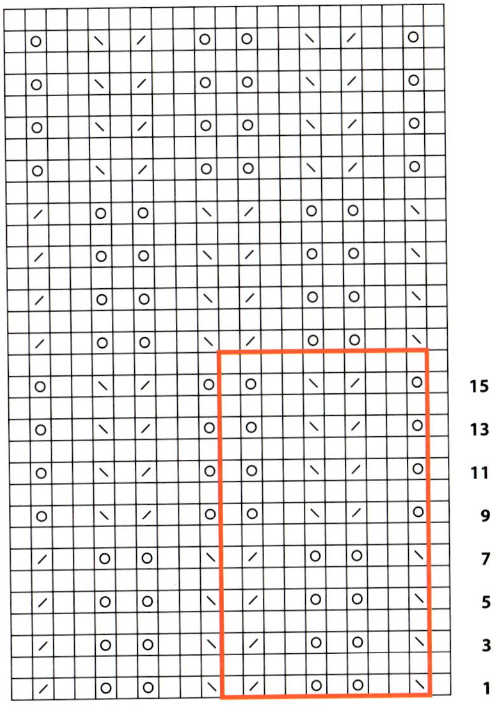

图案重复
针数为10的倍数加1针，16行

来源：《哈普萨鲁编织》，纽约，1972年

蝴蝶图案

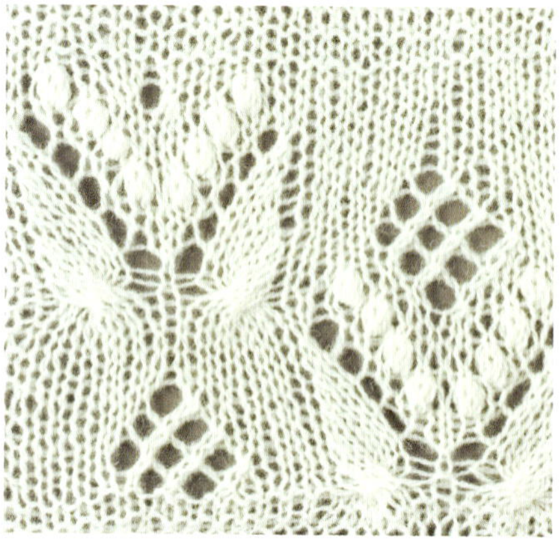

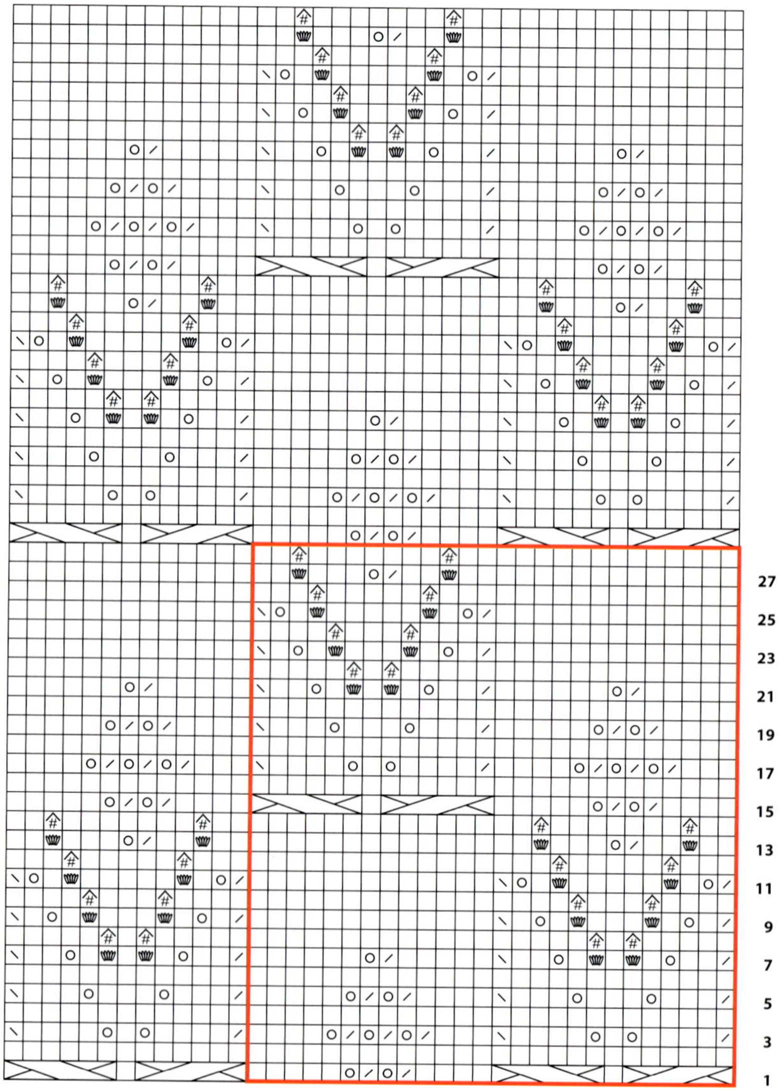

图案重复
针数为26的倍数或26针加13针，28行

来源：哈普萨鲁，手绘

编织图案仅重复标记出的26针图案，也可以编织26针的倍数加13针以形成对称的图案

见第123页针法符号

普拉尼克小饼图案

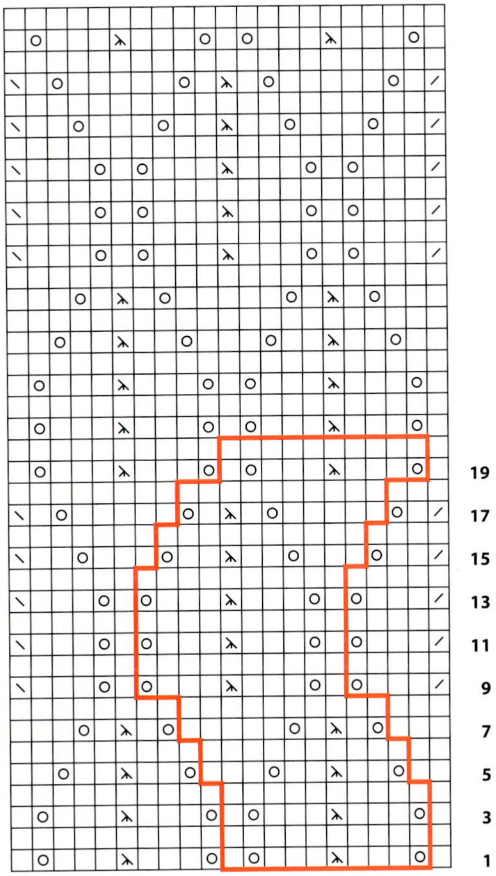

图案重复
针数为10的倍数加11针，20行

来源：哈普萨鲁，手绘

Präänik是一种小饼。据哈普萨鲁的女士们讲，这是最古老的一种图案，孩子们会从这种图案开始学习编织，因为它易教易学，哈普萨鲁稍有经验的编织者通常都不编织这种图案。

墙纸图案

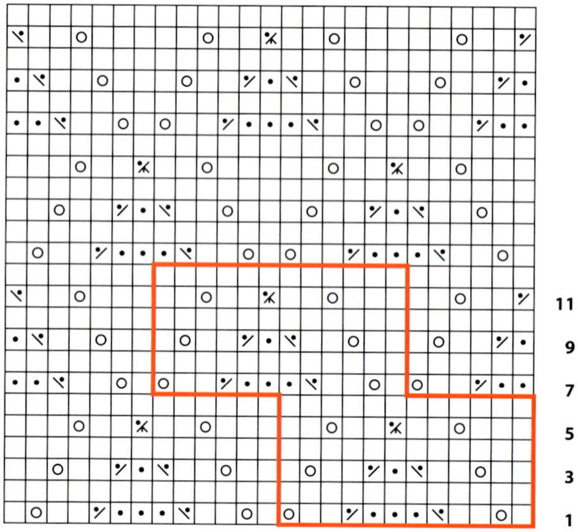

图案重复
针数为12的倍数加13针，12行

来源：哈普萨鲁，手绘

见第123页针法符号

皇太子图案变体

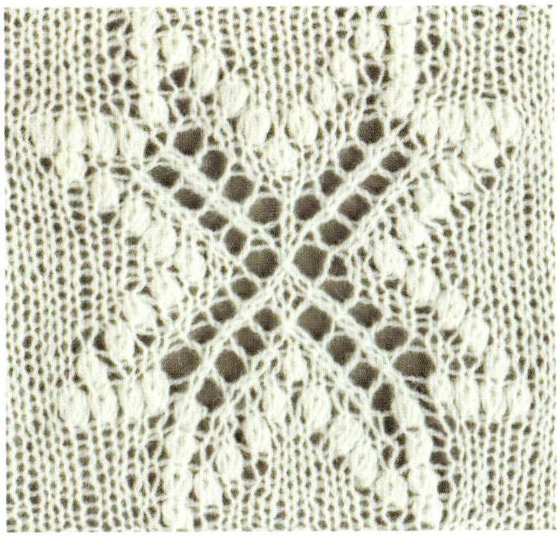

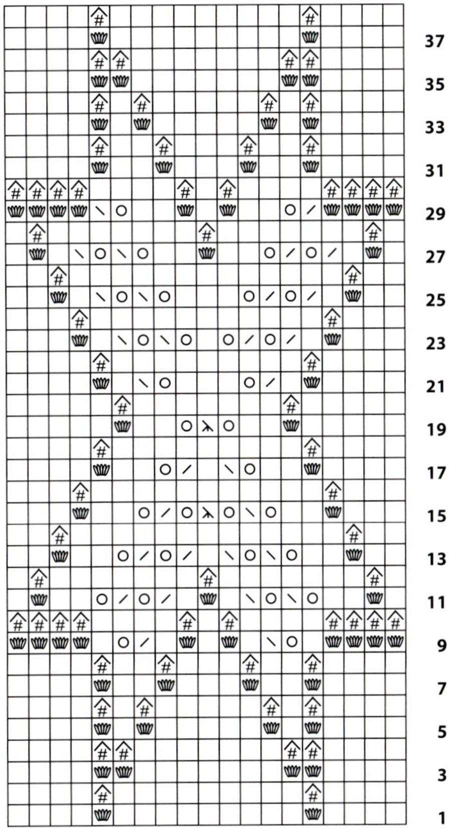

图案大小
针数为19针，38行

来源：哈普萨鲁，手绘

葛丽泰·嘉宝图案1

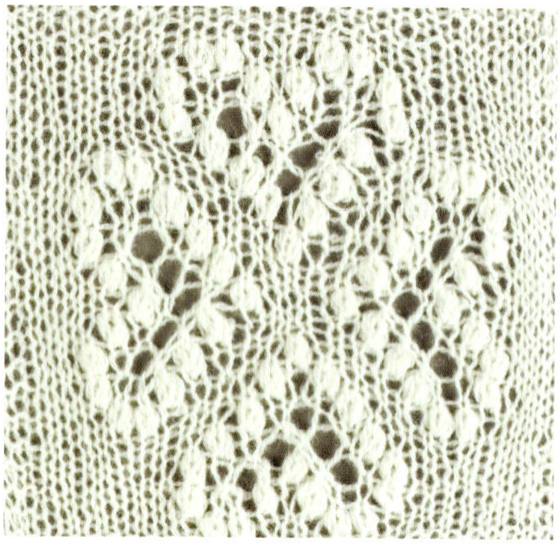

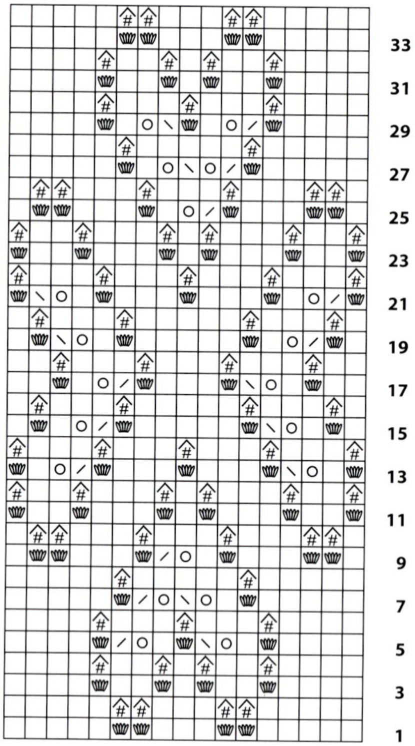

图案大小
针数为17针，34行

来源：哈普萨鲁，手绘

见第123页针法符号

葛丽泰·嘉宝图案2

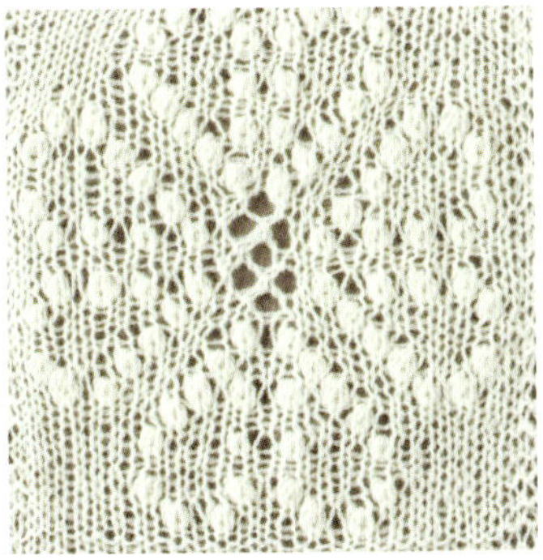

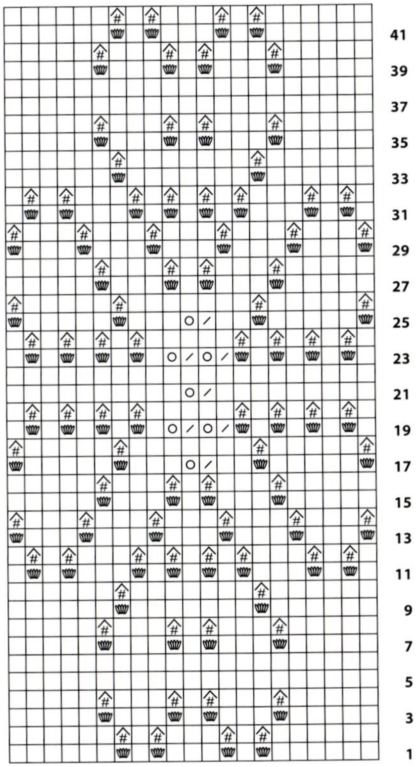

图案大小
针数为21针，42行

来源：哈普萨鲁，手绘

葛丽泰·嘉宝图案3

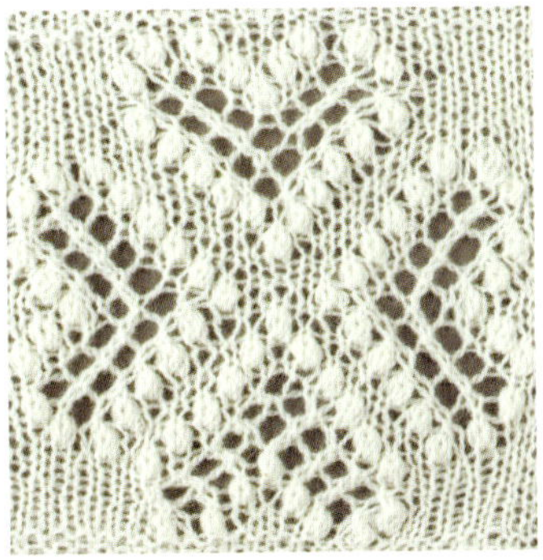

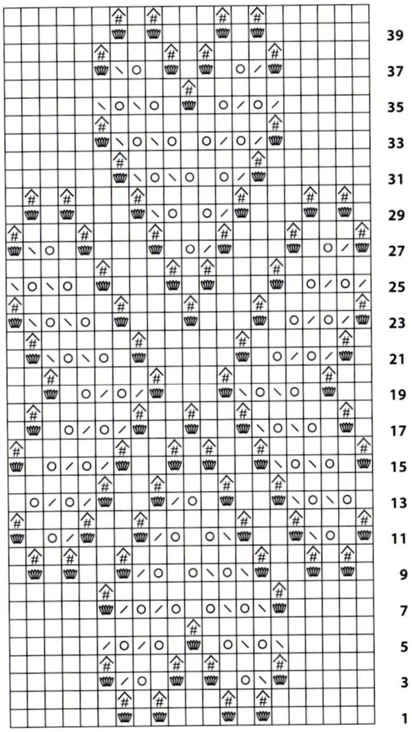

图案大小
针数为21针，40行

来源：哈普萨鲁，手绘

饰边图案

蕾丝饰边图案1

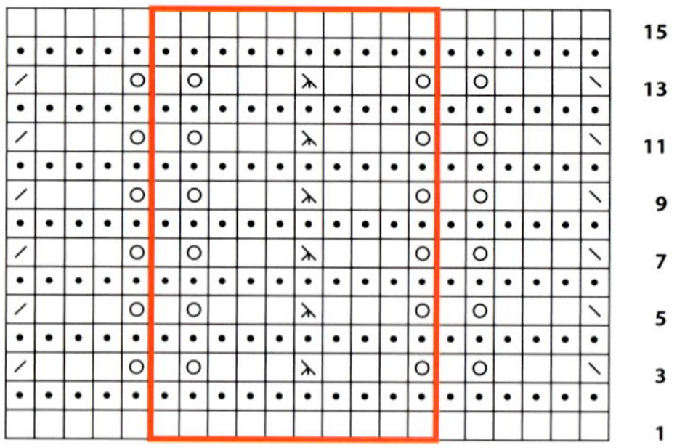

图案重复
针数为10的倍数加11针，共15行

来源：《图瑞努》第8期，1955年，文章由海尔薇·波斯卡撰写

用双股线起针，从第15行正面行开始编织，在反面收针，这种饰边最好分开编织，然后缝接在长方形或正方形披肩的四边上，也可当作没有蕾丝饰边披肩上的开始和结束的饰边，比如麦德丽披肩。

蕾丝饰边图案2

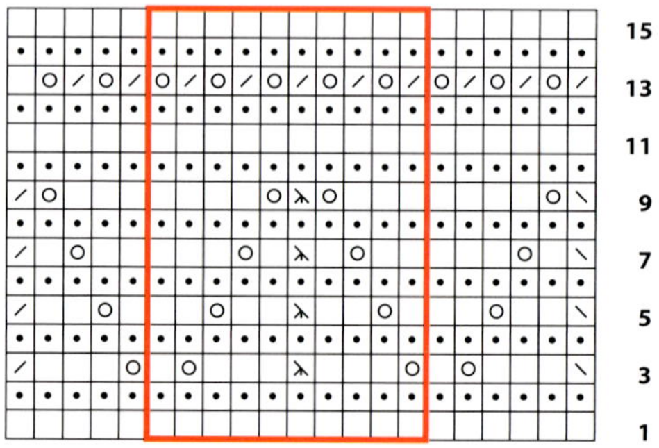

图案重复
针数为10的倍数加11针，共15行

来源：《图瑞努》第87期，1974年，文章由海尔薇·波斯卡撰写

用双股线起针，从第15行正面行开始编织，在反面收针，这种饰边最好分开编织，然后缝接在长方形或正方形披肩的四边上，也可当作没有蕾丝饰边披肩上的开始和结束的饰边，比如麦德丽披肩。

见第123页针法符号

蕾丝饰边图案3

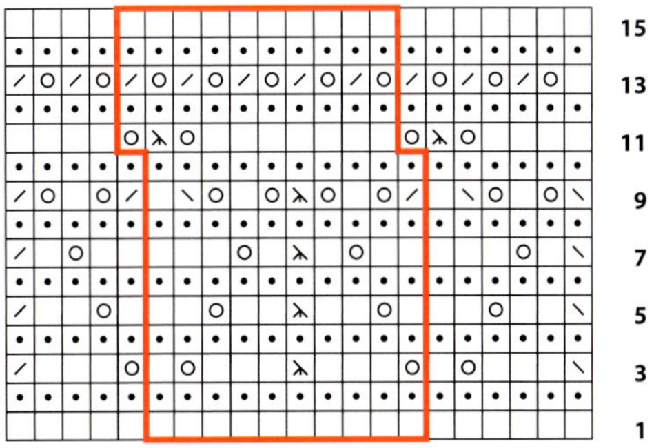

图案重复
针数为10的倍数加11针，共15行

来源：《图瑞努》第138期，1987年，文章由萨尔姆•普斯撰写

用双股线起针，从第15行正面行开始编织，在反面收针，这种饰边最好分开编织，然后缝接在长方形或正方形披肩的四边上，也可当作没有蕾丝饰边披肩上的开始和结束的饰边，比如麦德丽披肩。

蕾丝饰边图案4

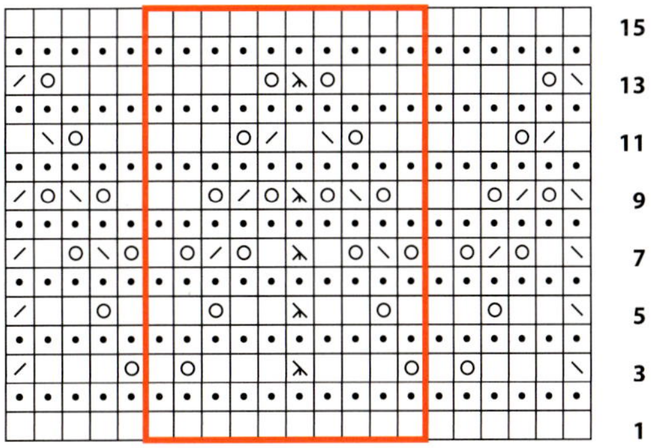

图案重复
针数为10的倍数加11针，共15行

来源：《图瑞努》第108期，1980年，文章由萨尔姆•普斯撰写

用双股线起针，从第15行正面行开始编织，在反面收针，这种饰边最好分开编织，然后缝接在长方形或正方形披肩的四边上，也可当作没有蕾丝饰边披肩上的开始和结束的饰边，比如麦德丽披肩。

蕾丝饰边图案5

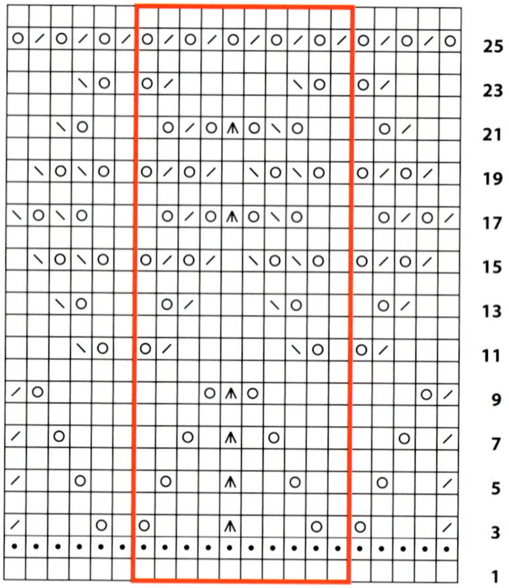

图案重复
针数为10的倍数加11针，共26行

来源：《哈普萨鲁编织》，纽约，1972年

用双股线起针。这种饰边最适合作为长方形披肩的上下边，也可以直接作为饰边使用。

见第123页针法符号

蕾丝饰边图案6

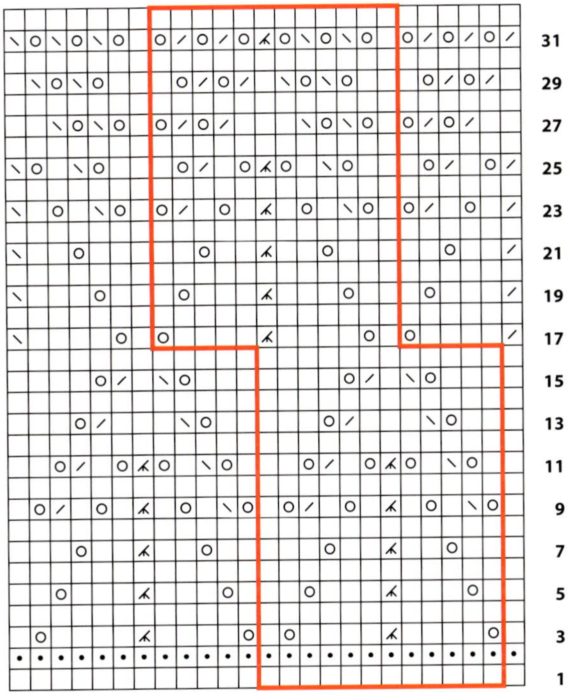

图案重复
针数为12的倍数加13针，共32行

来源：《图瑞努》第106期，1979年，文章由萨尔姆•普斯撰写

用双股线起针，这种饰边最适合作为长方形披肩的上下边或三角形披肩的饰边，比如米瑞尔达披肩。

蕾丝饰边图案7

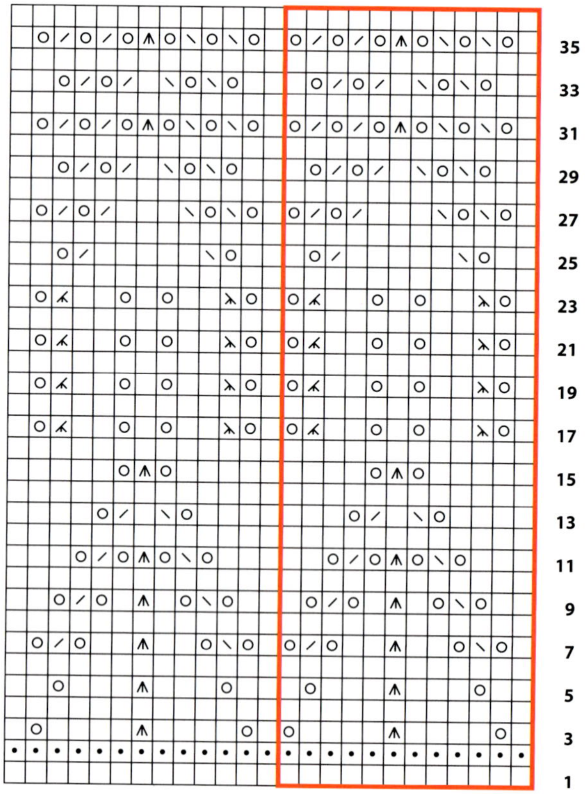

图案重复

针数为12的倍数加1针，共36行

来源：《哈普萨鲁编织》，纽约，1972年

用双股线起针，这种饰边最适合作为长方形披肩的上下边或作为三角形披肩的饰边，比如米瑞尔达披肩。

见第123页针法符号

蕾丝饰边图案8

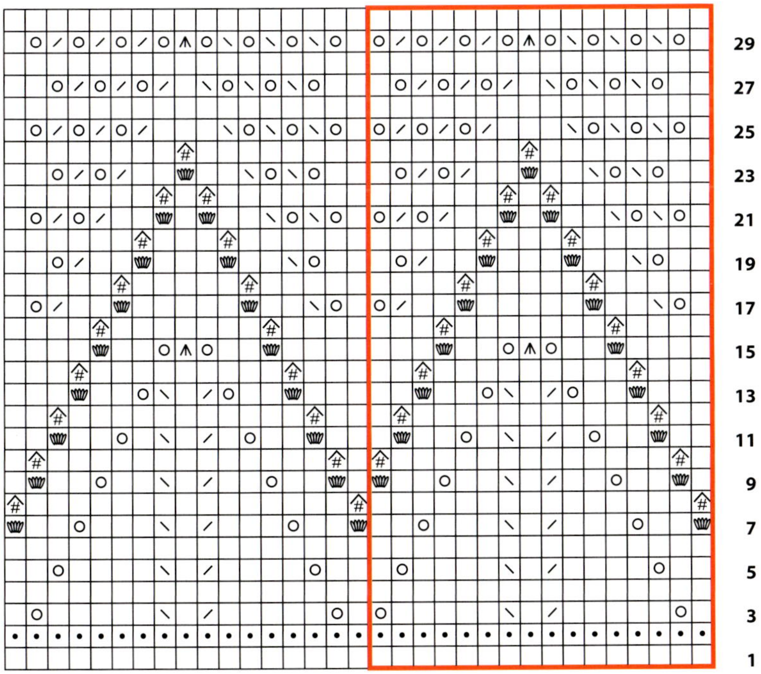

图案重复
针数为16的倍数加1针，共30行

来源：《哈普萨鲁编织》，纽约，1972年

用双股线起针。这种饰边最适合作为长方形披肩的上下边或作为三角形披肩的饰边，比如米瑞尔达披肩。

现代14圈蕾丝饰边

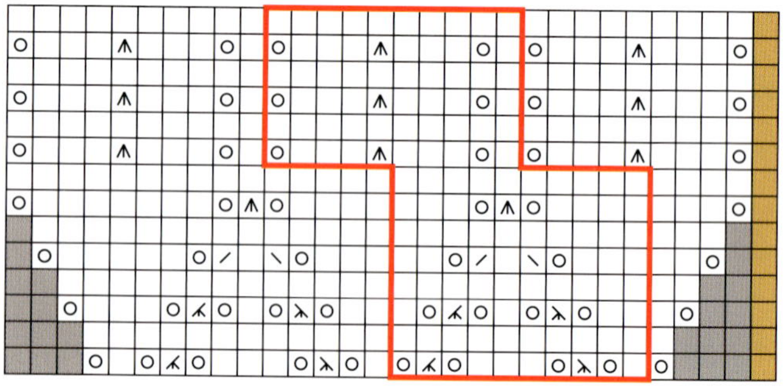

图案重复
开始编织针数为10的倍数加1针，每个角部两侧各加1针，共14圈

来源：受雷利・雷曼1986年版《皮斯利斯德・蔻科雅德》的上织型蕾丝饰边图案启发

下针编织所有的偶数圈形成下针背景，也可在偶数圈上织上针形成起伏针背景，不过这种编织法在爱沙尼亚并不常见。

见第123页针法符号

现代16圈蕾丝饰边

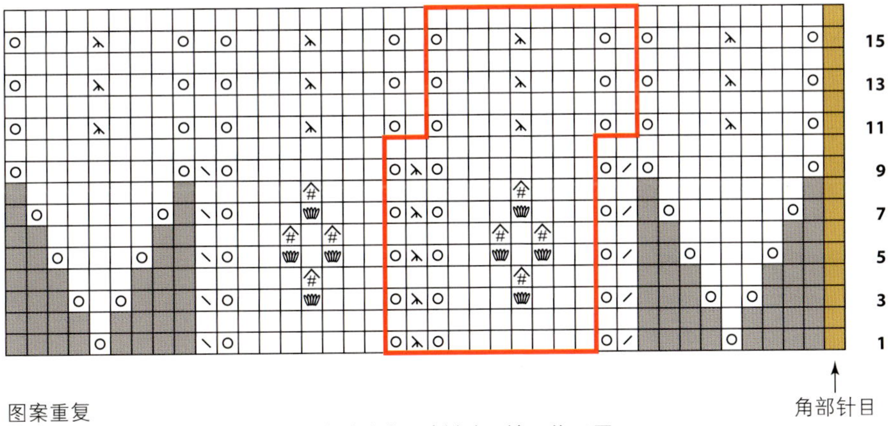

图案重复
开始编织针数为10的倍数加1针，每个角部两侧各加1针，共16圈

来源：希尔贾·阿维克编织的披肩，同时这个图案在雷利·雷曼所著的三版《皮斯利斯德·蔻科雅德》也可找到

所有的偶数圈按图示编织形成下针背景，在偶数圈上完成小球针的编织，从小球针线圈的背后将所有编织小球针的针目织在一起。

现代24圈蕾丝饰边

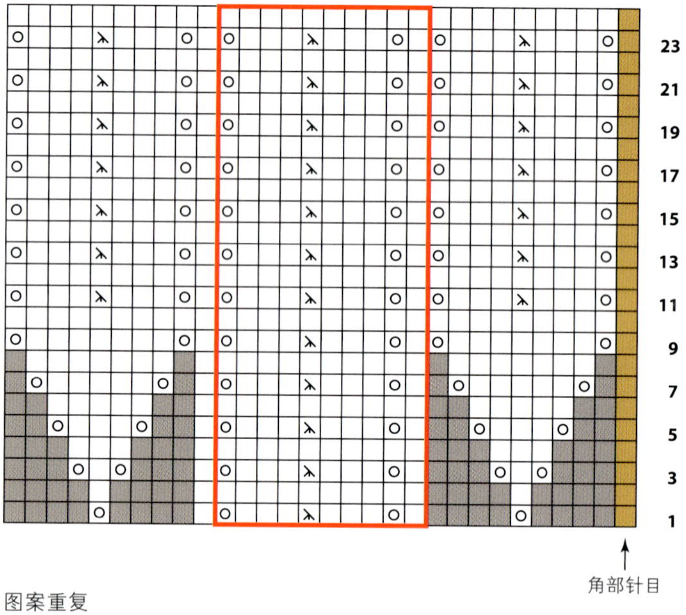

图案重复
开始编织针数为10的倍数加1针，每个角部针目两侧各加1针，共24圈

来源：本人所收集的许多爱沙尼亚披肩和《图瑞努》第116期，1982年文章由萨尔姆·普斯撰写，以及雷利·雷曼所著的三版《皮斯利斯德·蔻科雅德》上织型蕾丝饰边图案

这种挑针编织蕾丝饰边图案在今天的爱沙尼亚披肩上非常常见，尖端并排以“1针下针、挂线、1针下针”形成图案，这种特征很容易区别织饰边的方法，这种饰边的收针都是以双股线完成的。

所有的偶数圈按图示编织形成下针背景，也可在偶数圈上织上针形成起伏针背景，不过这种编织法在爱沙尼亚并不常见。

编织的圈数取决于你想要的饰边的宽窄，建议至少编织16圈再收针。

见第123页针法符号

边缘图案

带小球的边缘

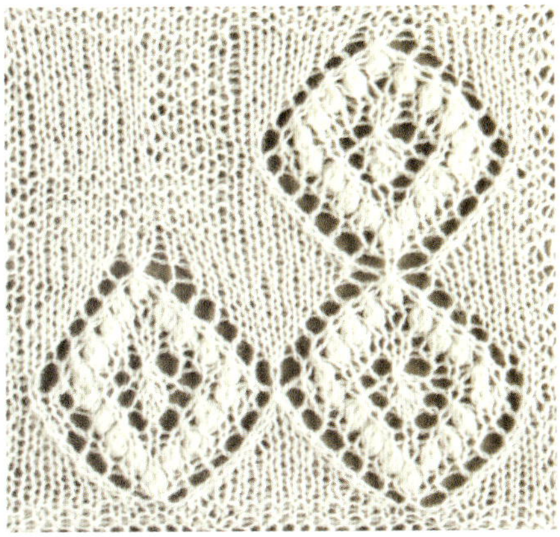

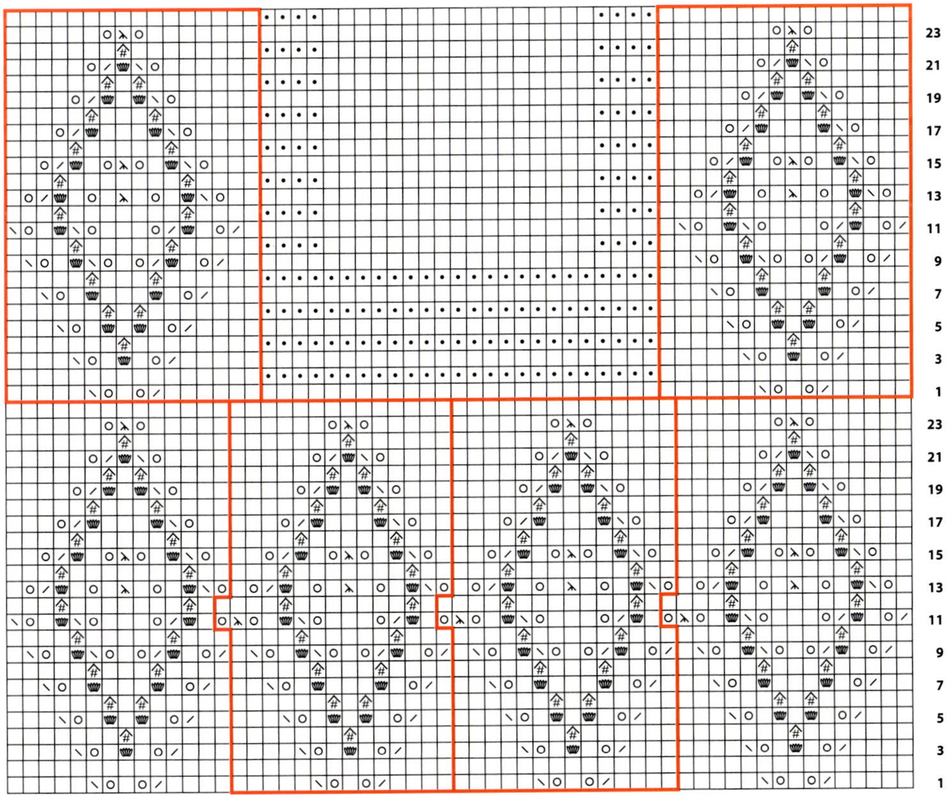

上、下边图案：针数为14的倍数加15针，共24行
侧边图案：16针宽，24行

来源：《哈普萨鲁编织》，纽约，1972年

这种图案适用于正方形披肩的内边，而这一内边位于外侧的起伏针饰边和中间织片四周的起伏针之间。在上下边和两个侧边主要图案的数量要一致，如乐和方形披肩（见第57页）。

菱形边缘

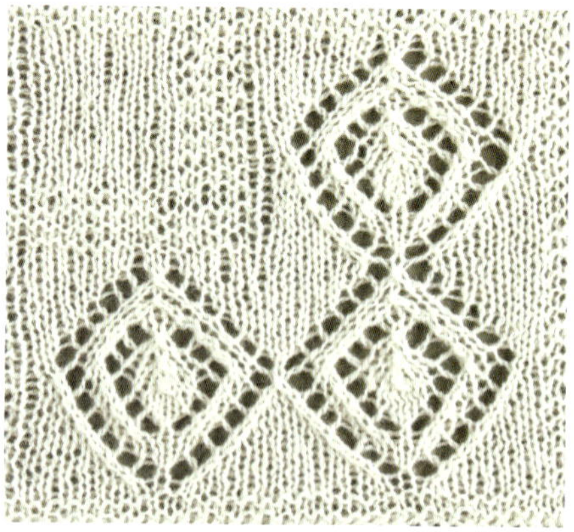

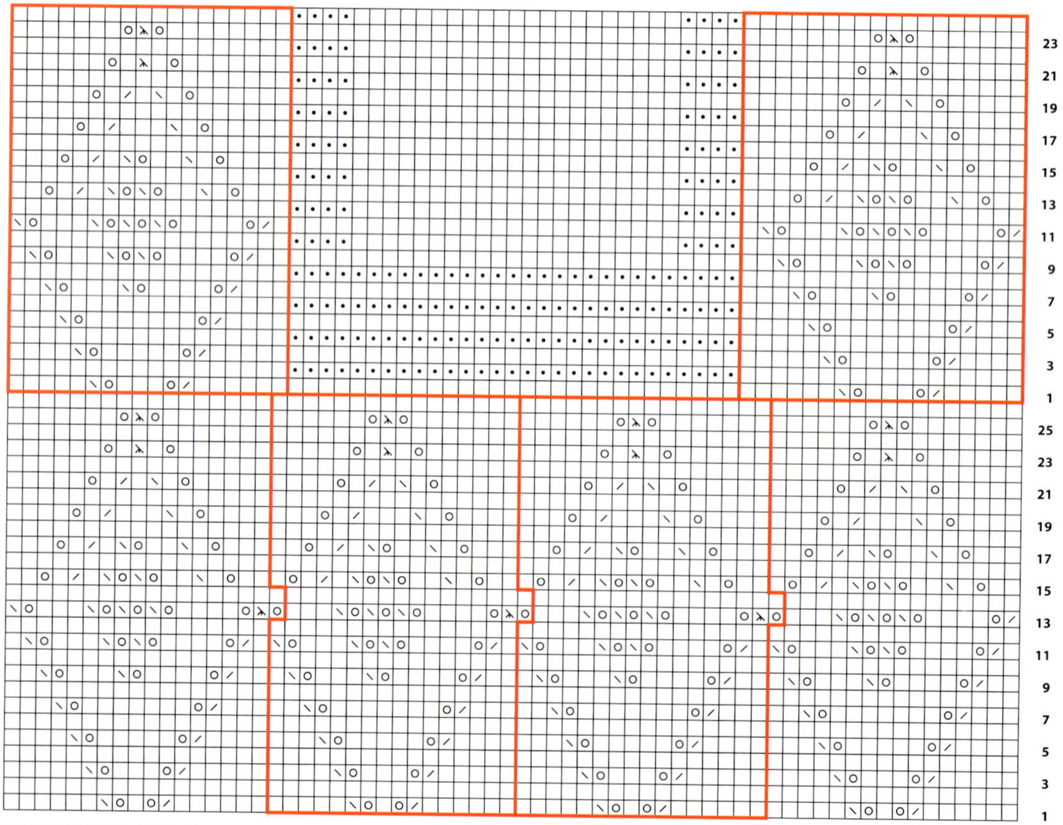

见第123页针法符号

上、下边图案：针数为1
的倍数加17针，共26行
侧边图案：18针宽，24行

来源：爱沙尼亚国家博
物馆的披肩收藏，爱沙
尼亚，塔图

这种图案适用于正方形披
肩的内边，而这一内边位
于外侧的起伏针饰边和中
间织片四周的起伏针之
间。在上下边和两个侧边
主要图案的数量要一致
如乐和方形披肩（见第
57页）。

河南科学技术出版社
精品图书推荐

更多精彩图书请登录：
http://www.hnstp.cn

定价：58.00 元

定价：49.00 元

定价：32.00 元

定价：38.00 元

定价：39.00 元

定价：36.00 元